Bernd Hill · Cornelius Schilling · Hartmut Witte

BIONIK

Roboter und Prothesen

Knabe Verlag Weimar

BERND HILL wurde 1947 geboren. Er studierte an der PH/Universität Erfurt im Schwerpunkt Polytechnik. 1987 promovierte er über Erfindungsmethodik, 1995 erfolgte seine Habilitation über Biostrategien und biologische Organisationsprinzipien an der Martin-Luther-Universität Halle.
Von 1998 bis 2012 lehrte Prof. Hill an der Universität Münster im Fachbereich Physik, Institut für Technik und ihre Didaktik. In verschiedenen Unternehmen führt er Innovationskurse durch und bezieht die angewandte Bionik in systematische Produktentwicklungsprozesse ein. Seine Forschungstätigkeit bezieht sich auf Innovationsstrategien, technische Kreativität sowie systematische und angewandte Bionik.

CORNELIUS SCHILLING, 1957 geboren, interessierte sich als Schüler für verschiedene Dinge der Natur. Er lernte Agrotechnik und schloss ein Lehrerstudium für Biologie und Chemie in Mühlhausen ab. Daraufhin durfte er bei der Armee Sanitäter werden. Ab 1986 war er Doktorand am Anatomischen Institut in Rostock und schließlich 25 Jahre an der Technischen Universität Ilmenau. Dort unterrichtete er Themen der Biologie, die auf die Technik anwendbar sind. Zusammen mit Ingenieuren machte er einige Erfindungen. Nun folgt er wieder seinen naturkundlichen Interessen, unter anderem die Mikroskopie, das Leben der Fledermäuse, heimische Kleinbiotope und das Wachstum der Bäume, wozu er technische Hilfsmittel zur Beobachtung entwickelt.

HARTMUT WITTE wurde 1961 geboren. Er studierte an der Universität Dortmund Maschinenbau und anschließend an der Ruhr-Universität Bochum Humanmedizin. 1992 wurde er von der Ruhr-Universität Bochum zum Dr. med. promoviert, 1998 habilitierte er sich dort in der Medizinischen Fakultät. Seit 1995 ist er Facharzt für Anatomie.
Von 1997 bis 2002 arbeitete er in der Zoologie und Evolutionsbiologie an der Friedrich-Schiller-Universität Jena. Seit 2002 leitet er das Fachgebiet Biomechatronik an der Technischen Universität Ilmenau.
Beispiele für die Arbeitsrichtung »Biologie für die Technik« seiner Forschungstätigkeit sind eine Vielfalt biologisch inspirierter Roboter, für die Richtung »Technik für die Biologie« (also auch den Menschen) Exoskelette und Mensch-Maschine-Schnittstellen.

Inhaltsverzeichnis

Alle Titel der Buchreihe (nach Erscheinen):

1. Die Natur als Ideenschmiede
2. Von Flugfrüchten abgeschaut
3. Leichtbau
4. Riesenseerose und Kristallpalast
5. Schmetterlingen abgeschaut
6. Vom Fliegen
7. Schätze aus dem Tropenwald
8. Schwimmen und Tauchen
9. Wärmedämmung
10. Seil- & Netzkonstruktionen
11. Klimatisierung und Lüftung
12. Schönheit der Natur
13. Tarnen und Täuschen
14. Wettrüsten der Sinne
15. Arznei und Kosmetik
16. Verpacken
17. Roboter und Prothesen
18. Bionik in Wald und Flur
19. Evolution in Natur und Technik
20. 1x1 des naturorientierten Erfindens

»Der Urquell aller technischen Errungenschaften ist die göttliche Neugier und der Spieltrieb des bastelnden und grübelnden Forschers und nicht minder die konstruktive Fantasie des technischen Erfinders.«

Albert Einstein
(1879–1955)
Deutscher Physiker, Nobelpreisträger
und Begründer der Relativitätstheorie

VORWORT

Lernen von der Natur

Der siebzehnte Band »Roboter und Prothesen« setzt die Buchreihe unter dem Motto »Frag' die Natur« fort. Diese Reihe wendet sich an eine breite Leserschaft. Sie ist sowohl auf aktiven Wissenserwerb als auch auf das eigenständige Forschen, Entdecken, Experimentieren und Erfinden ausgerichtet.

Der Leser lernt die Natur in ihrer Vielfalt und Schönheit kennen. Neben Fachwissen vermittelt das Buch Neugier und regt zum Hinterfragen an. Anschaulich werden Methoden des Problemerkennens und -lösens dargestellt, damit eigenes Entdecken und Erfinden möglich wird und Freiräume für Kreativität entstehen. So erschließt sich die faszinierende Welt der Naturphänomene und ihre Nutzung.

Im Buch sind manchmal Tiere mit Sprechblasen zu finden. Wir können uns zwar nicht mit ihnen unterhalten, aber uns zumindest in sie hineinversetzen und uns vorstellen, was sie uns sagen möchten. Dadurch ist es möglich, wichtige Erkenntnisse über sie auf eine unterhaltsame Weise zu erfahren.

An manchen Stellen fordern Rätsel oder Denksportaufgaben den kreativen Forscher- und Erfindergeist. Comics und Infoboxen lockern die Wissensaneignung zusätzlich auf.

Die Bände enthalten:

- Sachinformationen über interessante und erstaunliche biologische und technische Phänomene,
- Abenteuer des Entdeckens und Erfindens in Form von Bildergeschichten,
- Denk- und Arbeitsweisen von Entdecker- und Erfinderpersönlichkeiten,
- nützliche Methoden zur individuellen Erschließung von Natur und Technik,
- spannende Experimente zur Erkenntnisgewinnung und Selbstbau-Anleitungen zur praktischen Erprobung.

Im fortlaufenden Text dienen folgende Symbole zur Orientierung:

Infobox zur Begriffserläuterung	Modelle
Methoden zur Erkenntnisgewinnung und -umsetzung	Experimente
Kreativitätstraining	Professor Bionikus macht auf wichtiges Merkwissen aufmerksam

Viel Spaß beim Lesen,
Forschen und Experimentieren.

1 EINLEITUNG

Roboter überall

In der Wohnung ist kein Mensch zu sehen. Trotzdem wird in den Zimmern gesaugt oder nass gewischt. Was einst ein Traum war, ist heute zur Wirklichkeit geworden: Roboter als unermüdliche Helfer bei verschiedenen Tätigkeiten. Jeder von uns hat bestimmt schon einmal mit ihnen Kontakt gehabt oder sie sogar selbst in Gang gesetzt: Staubsauger-, Rasenmäh- und Fensterputzroboter sind mittlerweile Teil unseres Alltags.

Doch darin erschöpft sich bei Weitem noch nicht der Einsatzbereich von Robotern. So gibt es auch Roboter in der Kinderbetreuung und Altenpflege. Letztere helfen älteren Menschen und Menschen mit Behinderung bei der Bewältigung von Alltagsaufgaben. Im Notfall können sie Hilfe herbeirufen.

Roboter als nützliche Helfer

Es gibt auch Serviceroboter, die Dienstleistungen erbringen, andere sind im Umweltschutz hilfreich und wieder andere können im medizinischen Bereich Operationen durchführen oder als Astronauten im Weltraum wichtige Arbeiten übernehmen.

Aber damit noch nicht genug. Da gibt es noch Industrieroboter, die beispielsweise bei der Produktion von Autos oder Haushaltsgeräten eingesetzt werden. Sie sind im Dauereinsatz tätig und erledigen die unterschiedlichsten Aufgaben wie Transportieren, Schweißen und Prüfen. Dabei nehmen sie den Menschen auch gefährliche Arbeiten ab.

Neuerdings gibt es auch Ernteroboter. Sie haben Greiforgane, die speziell mit Kameras und äußerst empfindlichen Sensoren ausgestattet sind. Damit erkennen sie nicht nur die Position der Früchte am Baum, sondern können auch deren Reifegrad feststellen. So lässt dieser Roboter nicht nur die unreifen, sondern auch die überreifen Früchte einfach hängen. Die geernteten Früchte können also direkt weiterverarbeitet werden, ohne noch einmal sortiert werden zu müssen.

Dann gibt es noch Meeresroboter, Kanalreinigungsroboter und Roboter, die bei gefährlicher radioaktiver Strahlung zugange sind, sowie solche, die bei Erdbeben verschüttete Menschen ausfindig machen. Letztere können außerdem zur Erforschung von Planeten eingesetzt werden. Dort müssen sie durch unbekanntes, zerklüftetes Gelände manövrieren. Diese Laufroboter sollen sich sicher bewegen und dürfen auch beim Überwinden von Hindernissen nicht umfallen. Wissenschaftler und Ingenieure haben daher einen sechsbeinigen, also hexapoden (Lateinisch: *hexa* = sechs, *pes* = Fuß) Laufroboter entwickelt und gebaut. Beim Laufen berühren jeweils drei der insgesamt sechs Beine den Boden. Dabei bewegen sich drei Beine immer einen Schritt vorwärts, beispielsweise zwei Beine rechts und eins links. Die anderen drei Beine bleiben auf dem Boden und bilden ein stabiles Dreieck. So kann der Roboter kaum umkippen. Diese Laufbewegung wird »Tripod-Gang« genannt und wurde von der Natur abgeschaut.

Das biologische Vorbild für diesen Laufroboter könnt ihr sicherlich erraten. Bei einem Besuch im Zoo lässt es sich aufspüren. Will man es dort jedoch in der Schauvitrine ausfindig machen, sind auf den ersten Blick nur Äste, Blätter und dünne Zweige zu entdecken.

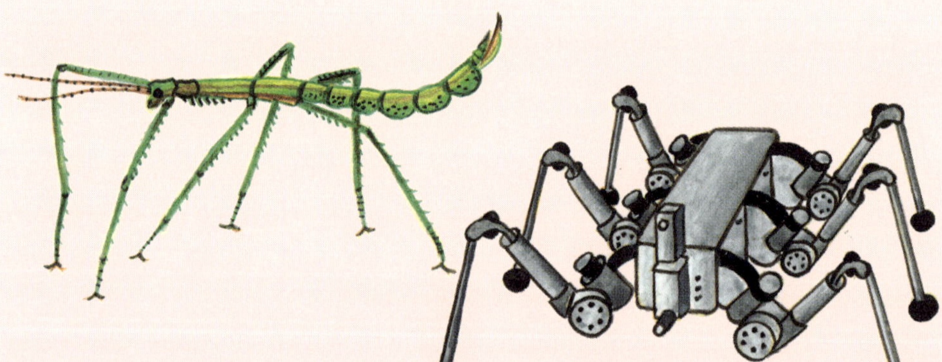

Vom biologischen Vorbild Stabheuschrecke zum sechsbeinigen Laufroboter

Dieses Tier ist nämlich ein Meister der perfekten Tarnung. Sein Körper ähnelt einem Zweig, von dem links und rechts wiederum sechs dünnere Zweige abgehen. Es ist erst zu entdecken, wenn es sich bewegt. Habt ihr das Tier erraten? Richtig, es ist die Stabheuschrecke *Carausius morosus*, ein Insekt mit sechs Beinen. So ist es eine Tatsache, dass selbst unscheinbare Insekten sicherer, flinker und geschickter als Maschinen sind und oft sogar Geröll, zerklüftetes Gelände und andere Hindernisse mit Leichtigkeit überwinden können.

Roboterentwickler suchen immer häufiger ihre Vorbilder in der lebenden Natur. Sie lernen von den Bewegungsmöglichkeiten, die sie ihnen in ihrer unerschöpflichen Fülle und Vielfalt bietet. Dieses Lernen von der Natur in der Technik, zu der natürlich auch die Robotik gehört, wird als Bionik bezeichnet.

Bionik

Bionik ist eine Wissenschaft, die Technik nach dem Vorbild der Natur entwickelt. Daher untersuchen Wissenschaftler, also Bioniker, wie Pflanzen, Tiere und Menschen aufgebaut sind und wie deren Körper funktionieren. Sie lernen von Lebewesen und übertragen die gewonnenen Erkenntnisse beispielsweise auf Maschinen, Roboter und Prothesen.

Roboter sind heute in allen Lebensbereichen des Menschen zu finden. Sie sind gar nicht mehr wegzudenken und erledigen viele Aufgaben und Tätigkeiten schneller, billiger und auch viel genauer als wir. Dabei sind die Roboter vom Menschen auf ganz bestimmte Tätigkeiten programmiert. Über die Programmierung hinaus können sie nicht handeln. Deshalb verfügen sie bisher nur begrenzt über menschliche Fähigkeiten.

Um menschliche Fähigkeiten wiederherzustellen, wenn diese durch beispielsweise einen Unfall verloren gegangen sind, nutzen wir Prothesen. So können Gliedmaßen ersetzt werden und betroffene Personen wieder greifen, laufen oder klettern. Auch bei Prothesen setzen Entwickler auf die lebende Natur und betreiben Naturstudien. Dabei untersuchen sie, wie beispielsweise ein Kniegelenk funktioniert, welche Belastungen ein Fuß täglich aushalten muss oder wie die Funktion der menschlichen Hand als Greiforgan nachgebaut werden kann. Die Entwickler übertragen Aufbau und Bewegungsmechanismen des menschlichen Körpers auf eine spezielle Technik, die Orthopädie-Technik. Sie entwickeln Prothesen und Orthesen, die Menschen höchstmögliche Bewegungsfreiheit und damit Lebensqualität verschaffen können.

Der vorliegende Bionik-Band gibt einen kurzen Überblick über Roboter und Prothesen sowie ihre vielfältigen Einsatzmöglichkeiten. Ausgehend von

Roboter, Prothesen und Orthesen

Roboter sind ortsfeste oder sich bewegende technische Einrichtungen, die von Computerprogrammen gesteuert werden und dem Menschen immer wiederkehrende, schwere körperliche und gefährliche Arbeiten abnehmen. **Prothesen** sind künstliche Gliedmaßen und bieten einen Ersatz für verlorene oder erkrankte Körperteile. **Orthesen** dagegen sind medizinische Hilfsmittel, welche Gliedmaßen oder den Körperrumpf stabilisieren, entlasten oder korrigieren. Dabei unterstützen sie die Funktion der Gelenke.

Beispielen aus der Geschichte werden Aufbau und Funktion ausgewählter Roboter und Prothesen vorgestellt. Dabei liegt der Schwerpunkt auf bionischen Betrachtungen.

Das Thema »Roboter und Prothesen« ist umfangreich. Daher beschränkt sich dieser Band auf grundlegende Ausführungen. Das Ziel ist es, das Vorgehen der Forscher aus den unterschiedlichsten Wissenschaftsgebieten bei der Entwicklung und dem Bau von Robotern und Prothesen nach Vorbildern aus der Natur nachzuvollziehen. Wichtige Fachbegriffe werden erklärt, denn eine klare und eindeutige Sprache ist das wichtigste Arbeitsmittel jeder Wissenschaft und am leichtesten lernt man sie in ihrer Anwendung.

2 GESCHICHTLICHES: VOM AUTOMATEN ZUM ROBOTER

Die ersten Automaten

Es ist kaum zu glauben, aber die ersten Automaten wurden schon von Menschen der Altsteinzeit erfunden. Sie entstanden aus dem Bedürfnis, tierische Nahrung zu beschaffen. Damals konnten die jagdbaren Tiere, wie beispielsweise Mammut, Höhlenbär und Riesenhirsch, nur gemeinsam erlegt werden. In der Gruppe waren die Menschen zwar stärker, doch sie zu Fall zu bringen, bedurfte eines enormen Aufwands an Geschicklichkeit und Ausdauer. Sicherlich kamen findige Jäger schon damals durch Naturbeobachtungen, wie Steinschläge und umstürzende Bäume, auf die Idee, solche vernichtenden Kräfte durch Vorrichtungen auszulösen. Sie richteten diese auf das Tier und brachten es so zu Fall. So entstanden die ersten Tierfallen und mit ihnen die ersten Automaten der Menschheitsgeschichte. Sie verrichteten »von selbst« das aufwändige Jagen. Diese automatischen Tierfallen lagen sozusagen für die Jäger auf der Lauer, ohne dass überhaupt jemand zugegen sein musste.

Jagdfallen der Steinzeit

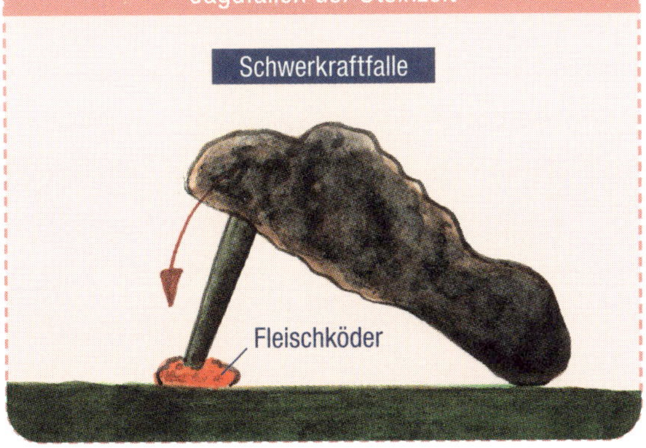

Jagdfallen der Steinzeit

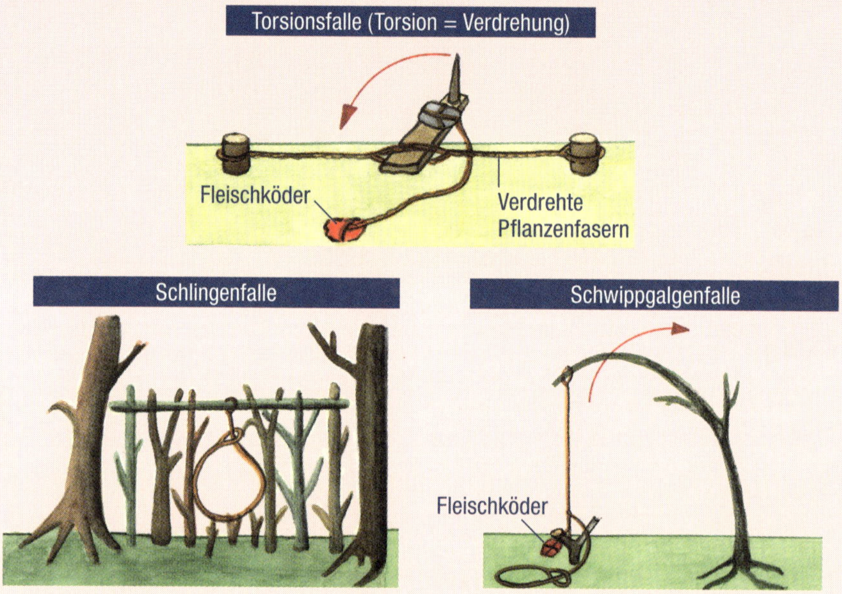

Die Menschen dieser Zeit lernten so, Kräfte zu speichern, umzulenken und rechtzeitig selbsttätig auszulösen. Voraussetzung dafür war die »Kenntnis« physikalischer Prinzipien. Machen wir nun einen Zeitsprung.

VON GEHEIMNISVOLLEN TÜRÖFFNERN UND WEIHWASSER-AUTOMATEN

Alexandrien lange vor unserer Zeit: Der Grieche Heron von Alexandria (10 n. Chr.–70 n. Chr.) tüftelte an einer neuen Konstruktion. Er war ein hervorragender Mathematiker, Mechaniker und Erfinder. Unter der Priesterschaft war Heron für seine wundersamen und raffinierten Meisterwerke bekannt. Wieder einmal sollte er in ihrem Auftrag ein mechanisches Wunderwerk für einen neuen Tempelbau entwerfen und bauen. Denn den Priestern gelang es durch die Nutzung solcher technischen Wunderwerke, die unwissenden Menschen derart zu beeindrucken, dass diese von der Existenz der Götter überzeugt waren.

Heron blätterte suchend in dem von ihm verfassten Buch »Pneumatika«, in dem er seine Erkenntnisse über den Druck in Flüssigkeiten und Gasen offenbarte. Darin befand sich u. a. eine Sammlung technischer Mechanismen, wie Hebel, Keil, Geneigte Ebene, Schraube und weitere. »Diese Mechanismen ließen sich doch bestimmt in geeigneter Weise so miteinander kombinieren, dass dadurch eine neue technische Lösung zu erzielen wäre«, überlegte er.

Technische Mechanismen

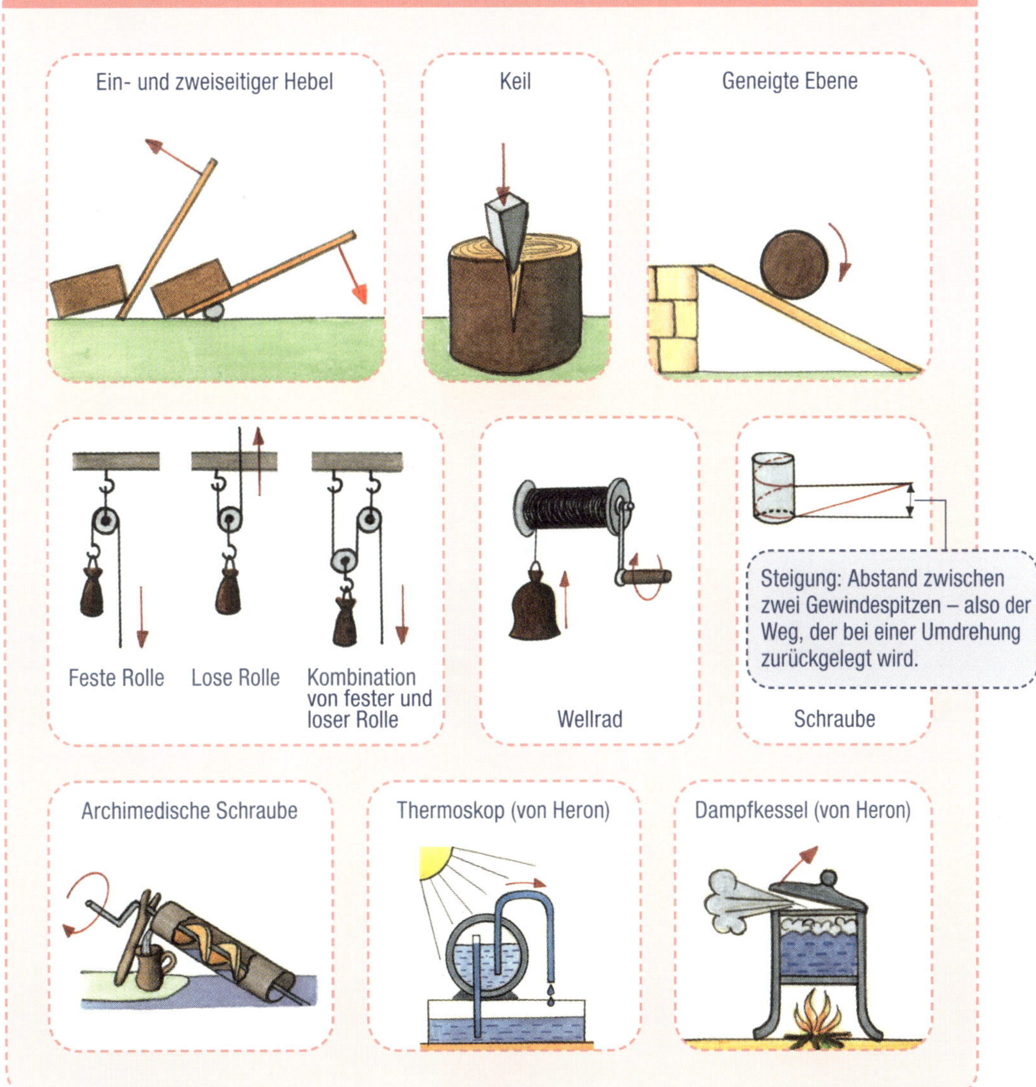

Vor ihm stand außerdem zur Denkanregung ein Thermoskop zur Temperaturanzeige, das er selbst gebaut hatte. Die Funktion dieser Apparatur wurde ihm wieder deutlich: Scheint nämlich die Sonne darauf, dehnt sich die Luft im oberen Teil der Kugel aus. Dabei drückt sie auf das darin befindliche Wasser und verdrängt es durch das gekrümmte Rohr nach unten, sodass es in das darunterliegende Wasserbecken tropft. Ist es jedoch draußen kalt, kehrt sich der Vorgang um und das Wasser wird durch den äußeren Luftdruck über das gerade Rohr in die Kugel zurückgedrückt. Heron folgerte, dass sich Luft nicht nur zusammendrücken lasse, sondern sich auch ausdehnen könne. Dabei kam ihm die Idee, dieses Prinzip der Volumenvergrößerung von erwärmter Luft auch für eine automatische Vorrichtung zum Öffnen der Türen des neuen Tempels zu verwenden.

Automatischer Türöffner und -schließer

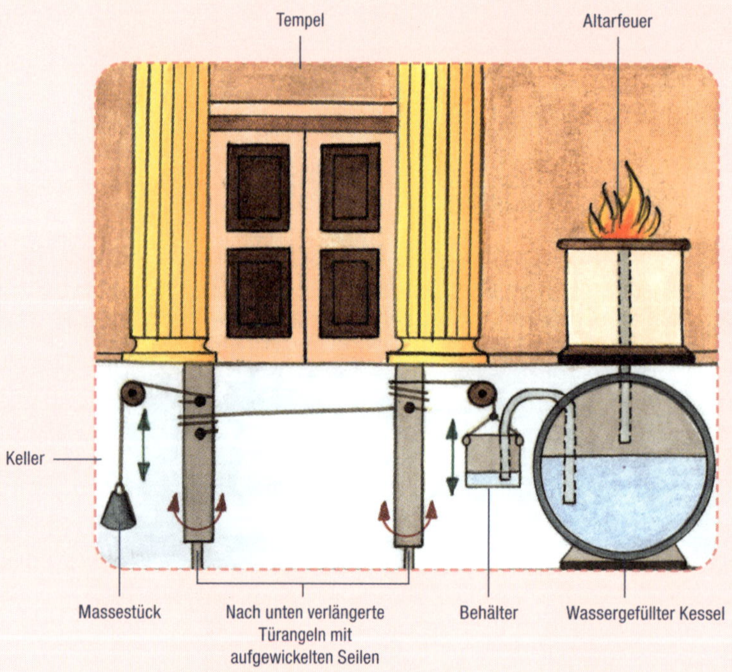

»Münze mit Flasche« als Verständnismittel zur Erklärung der Wärmeausdehnung von Luft, welche die Münze anhebt

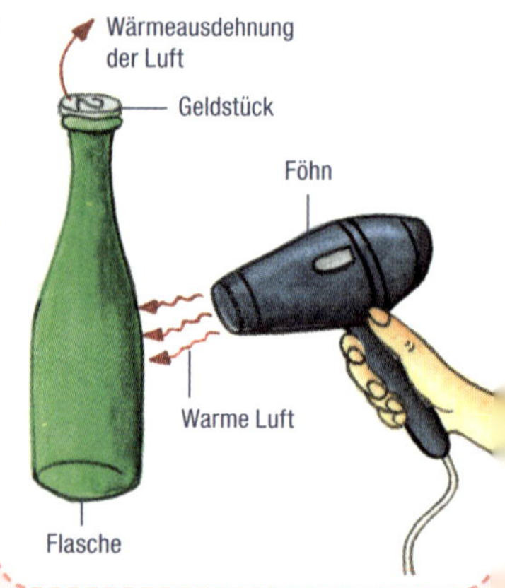

Am Ende seines Erfindungsprozesses stand die technische Lösung: ein automatischer Türöffner und -schließer. Bei diesem Prozess wurde Heron auch von der religiösen Vorstellung des Feuers in der damaligen Zeit beeinflusst. Feuer war Göttersache, weil – so glaubten die Menschen fest – es immer nach oben zum Sitz der Götter drang. Das war eigentlich auch für Heron unabänderliches und zu respektierendes Gesetz. Er ersann jedoch eine List, um nicht in Konflikt mit den Priestern zu geraten und sich das Feuer dennoch zu Nutze zu machen: »Ich könnte doch das Erhitzte auf dem Weg nach oben zum Himmel einen kleinen Umweg machen lassen«, dachte er sich. So entstand sein automatischer Türöffner und -schließer.

Bei der Einweihung des Tempels waren viele Menschen anwesend. Die Öffnung der großen schweren Tempeltüren wurde von den Priestern perfekt

Verständnishilfe zur Erklärung der Schließ- und Öffnungsbewegung der Tempeltüren mittels Seilrollen

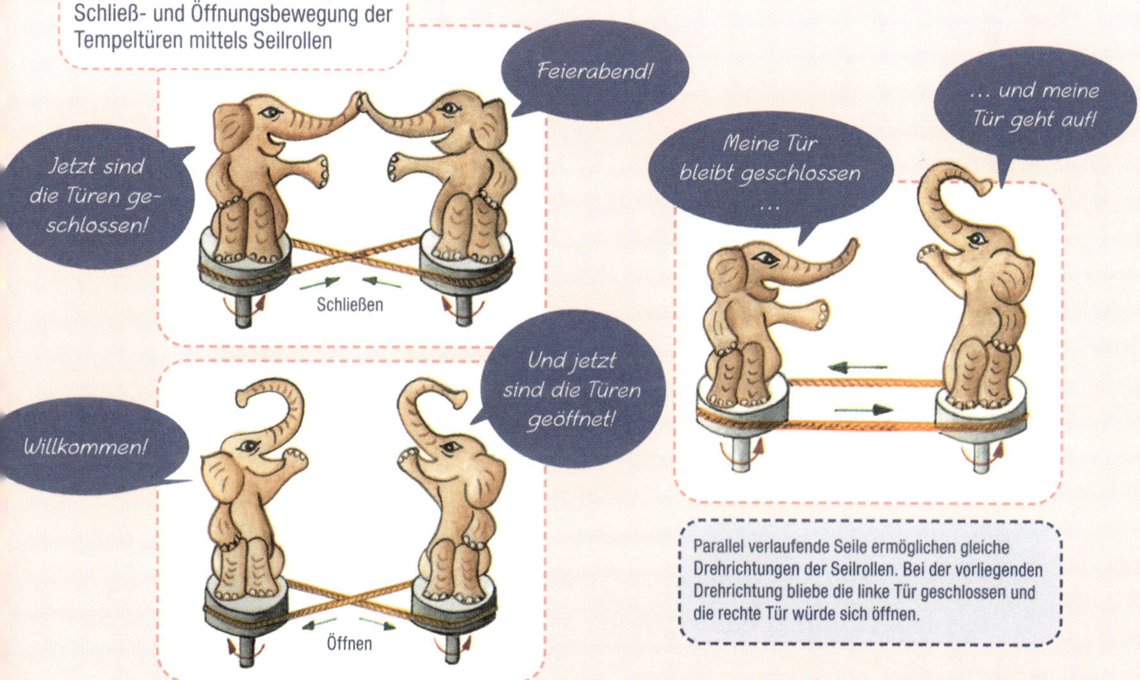

Parallel verlaufende Seile ermöglichen gleiche Drehrichtungen der Seilrollen. Bei der vorliegenden Drehrichtung bliebe die linke Tür geschlossen und die rechte Tür würde sich öffnen.

Die sich kreuzenden Seile ermöglichen gegenläufige Drehrichtungen der Seilrollen.

in Szene gesetzt: Sie öffneten sich mit lautem Kollern und Knarren wie von Geisterhand bewegt – ein beeindruckendes Schauspiel für die Gläubigen.

Dieser antike Automat funktionierte folgendermaßen: An den beiden Türen waren rollenförmige Türangeln befestigt, die durch den Fußboden des Tempels bis in den Keller führten. Um diese Angeln waren Seile nach einer ganz bestimmten Anordnung gewickelt. Wird nun auf dem Altar das Feuer zu Ehren der Götter angezündet, wird die Luft in dem darunterliegenden luftdichten Altarhohlraum erwärmt und dehnt sich dabei aus. Dadurch wird das Wasser vom Kessel in den Behälter gedrückt. Der immer schwerer werdende Behälter zieht am Seil und dreht die Türangeln zum Öffnen der Tempeltüren. Dank des Massestückes auf der anderen Seite werden die Türen wieder geschlossen, wenn das Feuer erlischt. Die sich durch die Abkühlung zusammenziehende Luft saugt sozusagen das Wasser durch den entstehenden Unterdruck wieder zurück in den Kessel.

Merke!

Die Ausdehnung der Luft bei Wärme

Luft dehnt sich bei Erwärmung aus, dabei vergrößert sich ihr Volumen. Bei Abkühlung zieht sich die Luft wieder zusammen und das Volumen verringert sich. Dieser Vorgang lässt sich zur Verrichtung von Arbeit nutzen.

Betrachtet nun in der Abbildung, wie das Seil auf die Türangeln aufgewickelt ist. Die Wickelanordnung des Seils auf den Angeln dient der Festlegung ihrer Drehrichtung. Mit der Wicklung des Seils ist gewissermaßen das Programm zum Öffnen und Schließen der Tempeltüren vorher festgelegt.

Vor dem Türöffner und -schließer hatte Heron einen Weihwasser-Automaten gebaut, der durch Münzeinwurf einen kleinen Strahl gesegneten Wassers, also Weihwasser, abgab – eine sichere Einnahmequelle für die Priester. Für die Gläubigen war es der übermächtige und endgültige Beweis für das Vorhandensein und Wirken der allmächtigen Götter.

Der Weihwasser-Automat funktionierte auf Grundlage des zweiseitigen Hebels und der Schwerkraft. Man kann diesen außergewöhnlichen Apparat als den ersten Münzautomaten der Technikgeschichte bezeichnen. Die Tempelbesucher warfen durch einen Schlitz in diesen vasenförmigen Automaten eine Münze ein und bekamen dafür einen kleinen Strahl des von den Göttern gesegneten Wassers. Bevor der Münzeinwurf stattfand, war das System des zweiseitigen Hebels im Gleichgewicht. Die Kräfte griffen dabei vom Drehpunkt aus, voneinander getrennt auf den gegenüberliegenden Seiten an.

Fiel nun ein Geldstück auf den kleinen Teller, so wurde dieser durch seine Masse **m** nach unten gedrückt. Das Hebelsystem kam ins Ungleichgewicht – die andere Seite bewegte sich nach oben. Dadurch wurde die darunterliegende Büchse geöffnet und das Weihwasser floss durch das nun kurz geöffnete Rohr nach außen. Sobald das Geldstück den Teller verließ, sank der Büchsendeckel nach unten und verschloss die Büchse wieder.

Münzautomat zum Spenden von Weihwasser

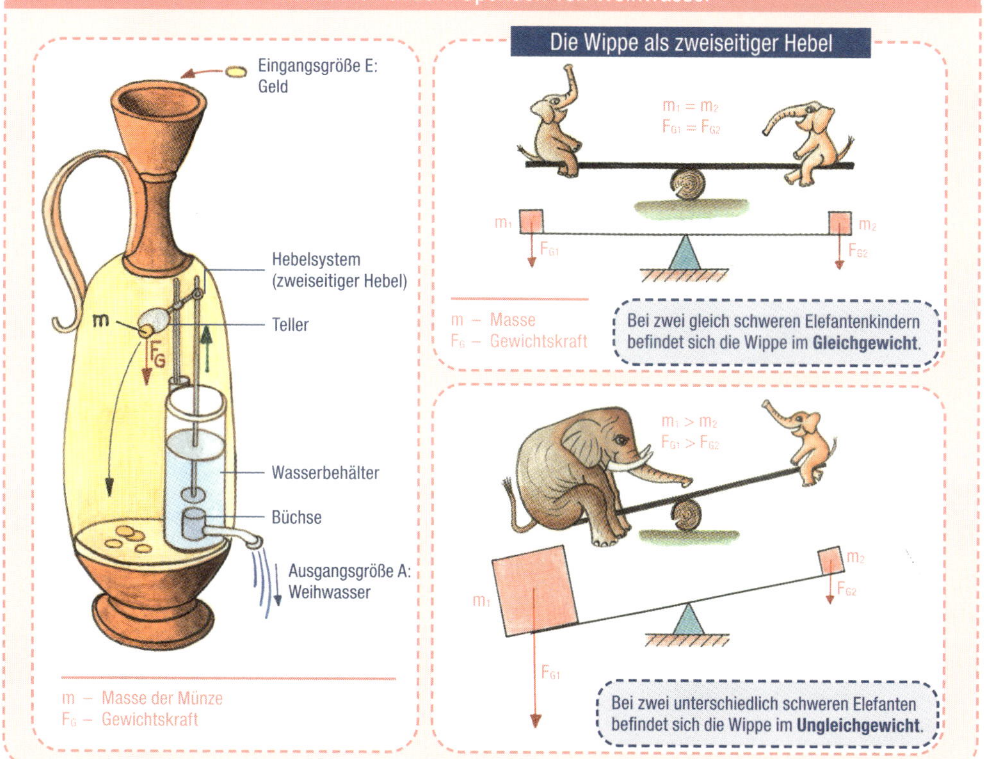

Die Funktion der Hebelwirkung lässt sich an einer Wippe anschaulich darstellen. Es ist einleuchtend, dass sich bei zwei gleich schweren Elefantenkindern die Wippe im Gleichgewicht befindet. Da sie die gleiche Masse **m** besitzen, wirkt auch die gleiche Gewichtskraft F_G. Befindet sich dagegen die Elefantenmutter mit ihrem Kind auf der Wippe, so liegt Ungleichgewicht vor. Die Elefantenmutter hat gegenüber ihrem Kind eine größere Masse **m** und damit auch eine größere Gewichtskraft F_G.

Merke!

Der Hebel

Hebel gehören zu den einfachen technischen Mechanismen. Sie dienen der Übertragung von Kräften, um schwere Arbeit zu erleichtern. Hebel sind in Werkzeugen, Geräten und Maschinen zu finden.

Singvogelautomat

Heron baute um die 70 verschiedene Automaten und noch andere wundersame Apparate. Sie dienten fast alle religiösen Handlungen, vornehmlich im Auftrag der Priester. Vier davon erfand er jedoch auch für nützliche Zwecke. Für die Heiler entwickelte er den Schröpfkopf, zum Löschen von Feuern die Feuerspritze, die Wasseruhr und eine Apparatur, die bis heute gebräuchlich ist: der Spülkasten für die Wassertoilette. Zu seinen mechanischen Spielereien gehörten außerdem Singvogelautomaten.

Das waren künstliche Vögel, die auf Tongefäßen saßen oder in kunstvoll gestalteten Käfigen zwitscherten bzw. sangen und sich auch drehten. Zu ihrer

Tonerzeugung baute er einen Pfeifkessel. Und der funktionierte so: Wurde das Rad auf der rechten Seite losgelassen, sank der vorher in die Höhe gezogene gewichtige Pfeifkessel infolge der Schwerkraft in den unteren Wasserbehälter. Dabei entwich die darin enthaltene Luft durch die Pfeife aus dem bodenlosen Kessel und erzeugte den Ton.

Ziemlich schlau und erfindungsreich, dieser Heron von Alexandria. In dieser Zeit entstand auch der Begriff des Automaten. Der Begriff ist griechischen Ursprunges und bedeutet »Selbstbeweger«. Nun lenken wir den Blick auf das 12. Jahrhundert zu einem ganz besonderen Zeitautomaten.

DIE ELEFANTENUHR DES AL-DSCHAZARĪ

al-Dschazarī (1136–1206) war ein berühmter Erfinder und Ingenieur, der in der Blütezeit des Islams lebte. Er erfand allerlei technische Meisterwerke. Auf ihn geht auch die Erfindung des ersten menschenähnlichen Roboters in Gestalt einer Teedienerin zurück. Im Jahre 1205 erschien sein Werk »Das Buch des Wissens von sinnreichen mechanischen Automaten«. Darin beschreibt er u. a. auch den Aufbau und die Funktion einer von Wasser betriebenen Elefantenuhr. Diese Uhr funktioniert zwar nicht so genau und minuziös wie unsere heutigen Uhren, doch sie war ein großartiges Prunkstück künstlerischer Gestaltung.

Sie wurde von al-Dschazarī so entworfen und gebaut, dass sich alle halbe Stunde die Figuren auf ihr bewegten und dazu ein Gong ertönte. Zu den Figuren dieser Uhr gehörten als Unterbau der Nachbau eines lebensgroßen indischen Elefanten, darauf eine Sänfte mit einem chinesischen Drachen, arabischen Falken und ganz oben zierte ein Phönix aus Ägypten den Baldachin. Der Elefant war mit Teppichen aus Persien geschmückt. In seinem Inneren verbargen sich eine Mechanik aus Griechenland und eine Hydraulik aus Alexandria.

Das war in der damaligen Zeit recht fortschrittlich, wurde damit doch die Toleranz gegenüber anderen Kulturen dargestellt und symbolisiert. Heute würde man sagen, dass diese Uhr die Verwirklichung eines multikulturellen Konzeptes beinhaltet. Wir wollen uns aber mit der Funktion dieser außergewöhnlichen Uhr vertraut machen.

Elefantenuhr des al-Dschazarī

Im Bauch des Elefanten befindet sich ein großer, mit Wasser gefüllter Hohlraum, auf dem eine Schale schwimmt. Diese Schale füllt sich beständig mit Wasser, sinkt deshalb tiefer und löst nach einer halben Stunde einen Hebelmechanismus aus. Dadurch werden Metallkugeln aus einem Korb freigegeben. Die Kugeln fallen über Umwege nach unten. Auf ihrem Weg passieren sie die Vögel und den Drachen. Weiter unten lösen die Kugeln eine Handbewegung des in der Sänfte sitzenden Mannes aus, die anzeigt, dass eine halbe Stunde vergangen ist. Zugleich wird die im Wasser versunkene Schale nach oben gezogen und entleert. So wiederholt sich der Ablauf in der Uhr alle halbe Stunde. Erst wenn die Kugeln im Korb aufgebraucht sind und nicht rechtzeitig nachgefüllt werden, bleibt die Uhr stehen. Es war die erste automatische Uhr, die nach einer vorher festgelegten Zeit selbsttätig ablief. In einem großen Einkaufszentrum in Dubai kann ein funktionsfähiger Nachbau dieser einzigartigen Riesenuhr bestaunt werden.

Der nächste Blick erfolgt in das 15. Jahrhundert auf das Universalgenie Leonardo da Vinci (1462–1519), der uns als bedeutender Künstler bekannt ist. Leonardo war ein hervorragender Beobachter der Natur. Er war eifrig bemüht, ihre Geheimnisse zu entschlüsseln und von ihr Gesetzmäßigkeiten abzuleiten, aus denen dann die verschiedensten Erfindungen entstanden. Beispielsweise entwickelte er einen Fallschirm, Hubschrauber, Schlagflügel- und Gleitflugapparate, einen Tauchanzug und ein Tauchboot. Sein Forscherdrang und seine Erfindungsgabe waren unermüdlich. Er gilt zudem als Erfinder von Automaten und Robotern, also Maschinen, die auch selbsttätig, ohne Zutun des Menschen, vorher festgelegte Bewegungen ausführten. Dabei ahmten sie die Bewegungen von Menschen und Tieren nach. Beispiele dafür sind sein mechanischer Löwe und der mechanische Trommler.

Mechanischer Trommler

MECHANISCH BEWEGTE GLIEDMASSEN – LÖWE UND TROMMLER

Für Franz I., König von Frankreich, fertigte er einen raffiniert gebauten Löwen zur Belustigung des Hofes an. Dieser Löwe konnte sich nach dem Liegen aufrichten und auf Personen zugehen. Blieb er dann vor ihnen stehen, öffnete sich eine Klappe unterhalb des Kopfes und es fiel ein Strauß weißer Lilien heraus. Im Rumpf des Löwen war ein komplizierter Mechanismus aus Hebeln, Zahnrädern und einem Federaufzug verborgen.

Leonardo hatte die Absicht, lebende Wesen in ihren charakteristischen Bewegungen mit Apparaten nachzuahmen. Auch in heutiger Zeit untersuchen Wissenschaftler den Gang von Menschen und Tieren, um die daraus gewonnenen Erkenntnisse bei der Entwicklung sowie dem Bau von Gehrobotern umzusetzen.

Den mechanischen Trommler von Leonardo kann man allerdings nur zum Teil als Vorläufer eines menschlichen Roboters ansehen. Die trommelnde Bewegung der Arme erfolgt mittelbar durch eine von Hand betätigte Kurbel. Die Bewegung der Kurbel wird durch Rollen und Seile, Zahn- und Nockenräder sowie durch Hebel übertragen. Er kann also nicht selbsttätig wie ein Roboter trommeln, da er über keinen eigenen Antrieb verfügt.

Aus dieser Zeit gibt es auch viele Hinweise auf die Anfertigung künstlicher Gliedmaßen, sogenannter Prothesen. Durch Krankheiten, Seuchen und vor allem in Kriegen, die im Mittelalter stets an der Tagesordnung waren, verloren viele Menschen ihre Beine oder Arme. Ersatz wäre dafür zwar notwendig gewesen, aber solche technischen Wunderwerke konnten sich damals nur ganz wenige wohlhabende Menschen leisten.

VON SILBERHAKEN, EISERNEN HÄNDEN UND STÜTZKORSETTEN

Seeräuber mit Armprothese

Wer kennt nicht aus Geschichten das Bild von verwegenen Seeräubern, die bei Gefechten ihren Arm verloren hatten und diesen durch einen Metallhaken ersetzten? Da gab es selbstverständlich Unterschiede in der Ausführung. Je nach Vermögen ihres Trägers wurden die Seeräuber entweder mit einfachen Eisenhaken oder kunstvoll gravierten Silberhaken ausgestattet. Greifbewegungen waren damit zwar nicht möglich, aber Gegenstände und Personen ließen sich durch Einhaken ziemlich leicht festhalten und heranziehen.

In der Folgezeit wurden künstliche Gliedmaßen entwickelt, die natürlichen ähnlich sahen. Dabei wurde versucht, Anforderungen sowohl an die Funktion als auch an das Aussehen gerecht zu werden. Ein Beispiel dafür ist die »Eiserne Hand« des fränkischen Ritters Götz von Berlichingen. Diese Handprothese wurde von einem geschickten Dorfschmied und einem Uhrmacher im Jahre 1505 angefertigt. Sämtliche Fingerglieder und das Handgelenk waren beweglich und ließen sich in verschiedenen Stellungen einrasten und so feststellen. Mit der Betätigung von drei eingebauten Druckknöpfen konnten Handgelenk, Daumen und Finger wieder in ihre ursprüngliche Streckstellung springen. Diese mit über 200 Einzelteilen ausgestattete Handprothese wurde aus Metall und Leder gefertigt.

Die »Eiserne Hand« des Ritters Götz von Berlichingen

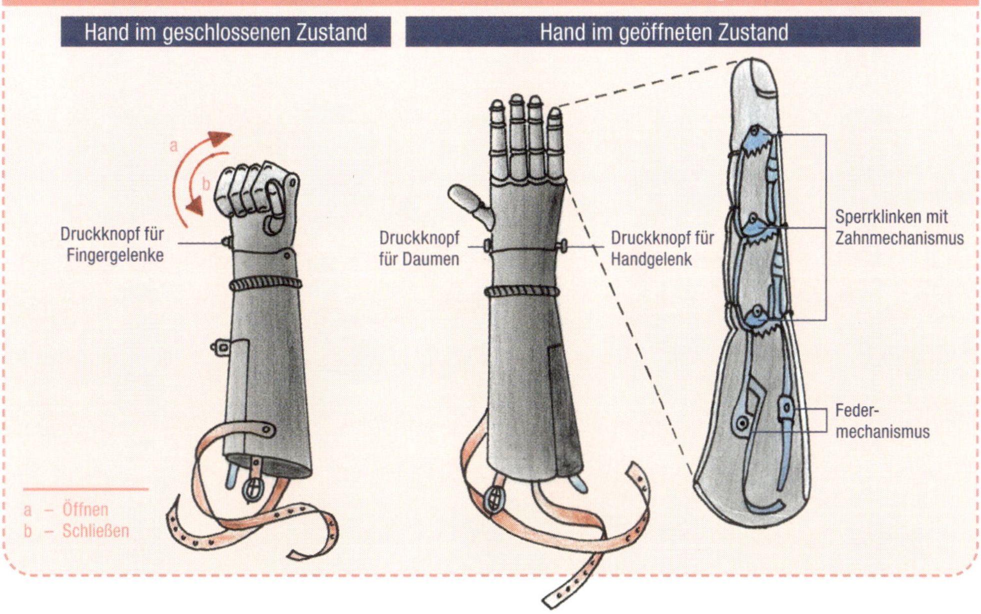

Wie aber verlor Götz von Berlichingen seine Hand? Er diente als Hauptmann im Heer des Herzogs von Bayern. In kriegerischen Auseinandersetzungen musste er die Stadt Landshut einnehmen. Dabei wurde er durch einen Schuss aus einer Feldschlange, einer Kanone, verletzt. Seine rechte Hand war total zerschmettert, sodass eine Amputation notwendig war.

Die »Eiserne Hand«

des

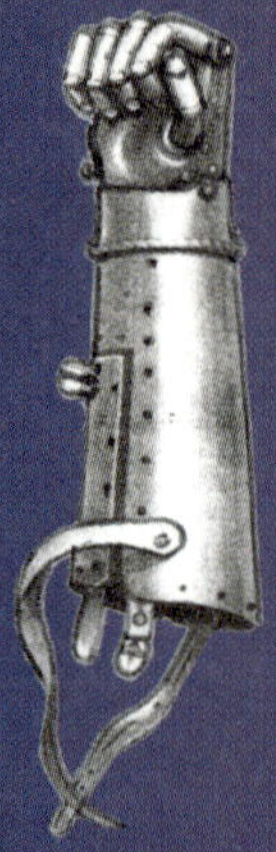

Götz von Berlichingen

(1480–1562)

Die »Eiserne Hand« des Ritters Götz von Berlichingen

1504 – Ritter Götz auf dem Weg nach Landshut

Götz, im Dienste des Herzogs Albrecht, muss an der Belagerung von Landshut teilnehmen.

Die Belagerung von Landshut

Beim Sturm auf Landshut …

Götz wird durch den Schuss aus einer Feldkanone an der rechten Hand schwer verletzt.

Beim Feldscher

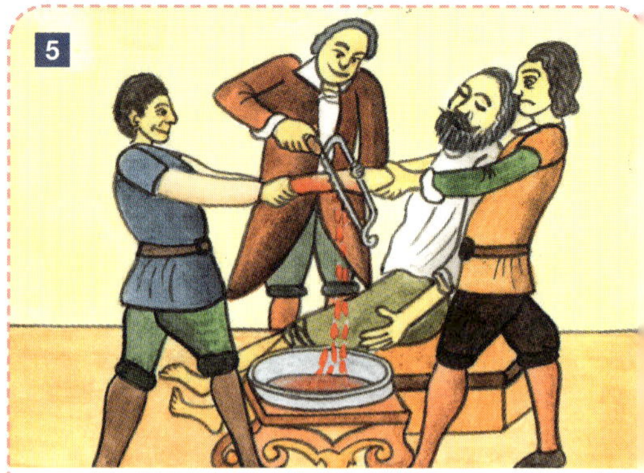

Die rechte Hand von Götz muss amputiert werden.

Im Feldlazarett

Götz ist über den Verlust seiner rechten Hand betrübt. Er sucht nach einer Ersatzlösung. Ein Silberhaken, wie sie manche Seeräuber als Handersatz haben, kommt für ihn nicht in Frage.

In einer Dorfschmiede …

Götz möchte sich von einem Schmied eine »Eiserne Hand« anfertigen lassen.

Die Anfertigung der »Eisernen Hand«

Die Meisterleistung: Der Schmied fertigt eine künstliche Hand mit einem funktionsfähigen Greifmechanismus an.

Der Schmied erklärt den Aufbau und die Funktion der »Eisernen Hand« …

Daumen und Finger der »Eisernen Hand« waren einzeln beweglich und konnten in jeder Stellung arretiert werden. Druckknöpfe sorgten dafür, dass das Handgelenk, der Daumen und die Fingergelenke in Streckstellung springen konnten.

Die Handprothese des Götz von Berlichingen war damals eine technische Meisterleistung. Obwohl sie eine natürliche Hand in ihrem fein abgestimmten Greif- und Bewegungsablauf nicht völlig ersetzen konnte, so war es Götz mit dieser Prothese doch möglich, wieder sein Schwert im Kampf zu führen.

Im Jahre 1582 fertigte der französische Arzt Amboise Paré (1510–1590) künstliche Gliedmaßen nicht aus Metall, sondern aus dem leichteren Werkstoff Holz an. In ihrer Funktion jedoch waren sie der »Eisernen Hand« ähnlich, weil ihre Mechanismen auch aus eisernen Federn und Sperrklinken bestanden.

Erste Stützkorsette, Exoskelette genannt, gab es seit 1690 in Italien. Damit konnte man schwer verwundete Landsknechte und andere Personen zum Zweck der Genesung ruhigstellen. Aber kehren wir wieder zu den Automaten zurück.

DIE AUTOMATISCHE ENTE

Um 1740 entwarf und baute der Franzose Jacques de Vaucanson (1709–1782) mehrere technische Wunderwerke. Neben einem flötenspielenden Automaten und einem Webstuhl führte er auch am französischen Hof eine automatische Ente zur Unterhaltung vor.

Entenautomat von Vaucanson

Der Entenautomat konnte mit den Flügeln schlagen, Körner aufpicken und Wasser trinken. Er konnte sogar einige klägliche Töne von sich geben, die sich wie Schnattern anhörten.

Das schaulustige Publikum sah, wie sich der Schnabel zum Aufpicken der Körner öffnete und hinten am After ein kotähnliches Gebilde herausfiel. Die automatische Ente kann durchaus zu den technischen Meisterwerken der damaligen Zeit gerechnet werden. Sie hatte zwar keinen praktischen Nutzen, konnte aber das Publikum belustigen.

Es gab aber auch solche automatischen Wundermaschinen, die von vornherein auf Irreführung und Täuschung des Publikums ausgerichtet waren. Dazu gehörte der automatische Schachspieler, auch Schachautomat oder Schachtürke genannt.

DENKENDE MASCHINE ODER ARGLISTIGE TÄUSCHUNG?

1769 am Wiener Hof von Kaiserin Maria Theresia: Der Thronsaal war mit allerlei Publikum von Rang und Namen gefüllt. Alle warteten gespannt und ungeduldig auf die sensationelle Vorführung des Schachautomaten eines findigen Barons. Das große Podest, auf dem die Vorführung stattfinden sollte, war noch leer. Doch dann erschien die Kaiserin und nahm auf ihrem Thronsessel Platz. Der Baron folgte ihr in Richtung Podest in Begleitung zweier Hofdiener. Sie schoben einen verzierten Kasten aus edlem Holz, auf dem oben ein Schachbrett und unmittelbar dahinter eine lebensgroße, orientalische Puppe saß. Der Kasten mit der Puppe wurde in der Mitte des Podests, für alle Anwesenden gut sichtbar, positioniert. Nun trat der Baron hinzu und forderte den Gegenspieler, einen talentierten Wiener Schachspieler auf, vor dem Schachautomaten Platz zu nehmen. Das Schachspiel begann mit dem In-Gang-Setzen des vermeintlichen Automaten durch den Baron. Nachdem der Schachspieler einen Zug gemacht hatte, reagierte der Schachautomat durch geräuschvolles Klappern und Rattern der im Innern verborgenen Walzen, Räder und Hebel mit dem Gegenzug. Nach einer Dreiviertelstunde war das Spiel vorbei, der Schachautomat gewann und das Publikum staunte. Einige Zuschauer fragten sich daraufhin, wie es überhaupt möglich sei, dass

Mogelautomat »Schachtürke«

Türen zur Vorführung geöffnet

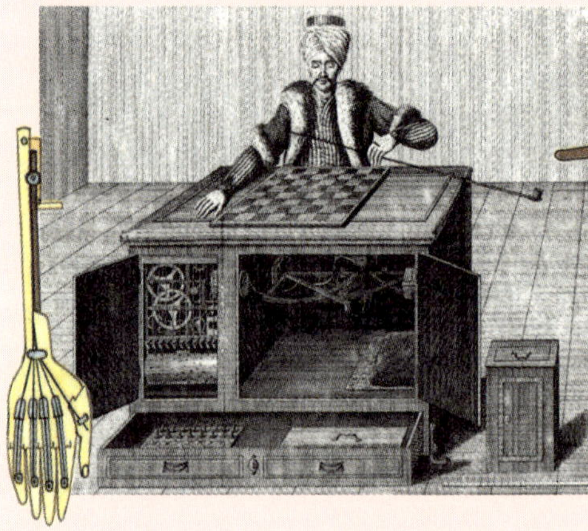

Tischplatte mit Schachbrett entfernt

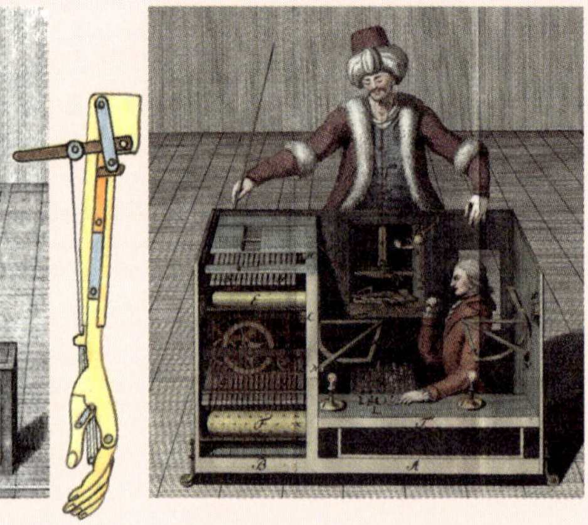

eine Maschine solch eine gewaltige Denkleistung vollbrachte, obwohl sie nur aus allerlei mechanischen Teilen zusammengebaut war. Andere wurden konkreter und gaben kund, dass sich in dem Kasten sicherlich ein schachspielender Mensch verberge. Als der Baron die Türen des Kastens öffnete, damit zweifelnde Zuschauer das Innere einsehen konnten, wurden sie enttäuscht – es war niemand darin zu sehen. Der Baron versicherte allen Zweiflern, die in den Kasten schauten, dass sich hinter der Konstruktion ein Trick verberge, den er aber geheim halten wolle.

Dieser »Automat« wurde vom Baron Wolfgang von Kempelen (1734–1804) nicht nur als Attraktion vorgeführt, sondern war auch von ihm selbst entworfen und gebaut. Tatsächlich befand sich in dem Kasten ein Schachmeister von kleiner Statur, den von Kempelen anwarb und darin platzierte. Bei der Schauvorführung des Innenraumes der Kiste wurde dieser geschickt mit dem abwechselnden Öffnen und Schließen der Türen durch einen raffinierten Mechanismus hin- und hergeschoben. So war er immer auf der Seite der geschlossenen Tür. Das auf der Kiste eingelegte Schachbrett war durchsichtig. Dadurch war es dem darin verborgenen Spieler möglich, die Züge und Stellungen der einzelnen Figuren zu sehen. Die Schachfiguren bewegte der Spieler auf der Unterseite des Schachfeldes mit einem Magneten.

Herzstück des Kastens war der sogenannte Pantograf. Dieses Gerät wird auch als »Storchschnabel« bezeichnet. Mit ihm lassen sich üblicherweise Zeichnungen vergrößern oder verkleinern. Es wurde von dem Baron für die Bewegungsübertragung genutzt. Die Bewegungen des inneren Spielers, die er unten auf seinem kleinen Schachbrett machte, konnten durch den Pantografen vergrößert und auf den Schachtürken übertragen werden. So konnte dieser dieselben Züge auf dem oberen Schachbrett durchführen – eine geniale Leistung mit äußerst präzise funktionierender Mechanik, die von Kempelen damals vollbrachte, obwohl sie auf einer Täuschung basierte. Seitdem verwendet man für Dinge und Erscheinungen, denen Täuschungen und Manipulationen zugrunde liegen, den Begriff »getürkt«.

Kombinieren: Bilder verbinden

Zwei Abbildungen ergeben jeweils einen Begriff, der im Buch vorkommt. Wer kombiniert richtig?

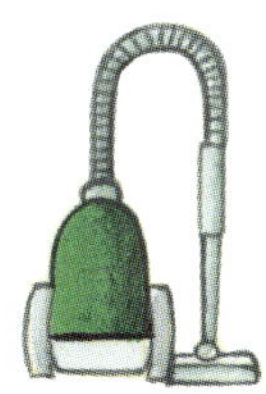

Lösungswörter

1 ______

2 ______

3 ______

Erst in heutiger Zeit ist der Traum vom Schachcomputer wahr geworden. Das war jedoch nur möglich durch die rasante Entwicklung der Computertechnik.

Eines Tages wird aber noch ein anderer Traum verwirklicht werden können. Dabei geht es um Entwicklung und Bau von anpassungsfähigen Robotern, die über eine Form von Intelligenz verfügen, um für Menschen anspruchsvolle Dienstleistungen erbringen zu können. Dazu braucht es künstliche Intelligenz (KI), mit der Computer für ganz bestimmte Aufgaben trainiert werden. Sie müssen große Datenmengen verarbeiten und aus den Daten dann spezielle Handlungsmuster ableiten.

Ähnlich technisch aufwendig gestaltet sich die Entwicklung von Prothesen. Sie zeigen bereits heute einen rasanten Fortschritt bei der Wiederherstellung und sogar Verbesserung der natürlichen Körperfunktionen. Prothesen stellen clever funktionierende Hightech-Konstruktionen dar. Obwohl die Träger von Prothesen diese heute noch mit ihrer Muskelkraft bewegen müssen, zeichnen sich schon Entwicklungen dahin ab, Prothesen allein mit Gedanken steuern zu können.

Bis hierin haben wir uns Automaten, Roboter und Prothesen aus der Vergangenheit angesehen. In den nächsten Kapiteln sollen nun die Entwicklungen unserer Zeit und zukünftige in den Blick genommen werden.

3 VOM BIOLOGISCHEN VORBILD ZUM ROBOTER

Die kurze Geschichte eines Bio-Roboters

Nach einem Erdbeben oder einer Explosion in einer Fabrik liegt alles in Trümmern. Dabei werden Menschen verschüttet und enorme Sachschäden verursacht. Bei Erdbeben können Erdbebenanzeiger, sogenannte Seismografen, dem Beben vorausgehende Erdbebenwellen registrieren. Dadurch lassen sich schon vorher Maßnahmen zur Warnung der Bevölkerung betroffener Gebiete einleiten.

Manchmal kann die Bevölkerung jedoch nicht rechtzeitig gewarnt werden und es kommt zu Katastrophen. Verschüttete Personen, die mehrere Meter unter den Trümmern begraben sind, gilt es dann rasch zu bergen. Doch an welchen Stellen in den aufgetürmten Trümmerhaufen befinden sie sich und wie sind sie dort für Rettungskräfte zu erreichen, ohne dass die Helfer selbst in Gefahr geraten? Sogar speziell ausgebildete Spürhunde kommen bei der Suche nach den Verschütteten in den engen Trümmerspalten schnell an ihre Grenzen. Bioniker und Roboterentwickler fanden sich daher zu einer Ideenberatung zusammen, um das Such- und Bergungsproblem zu lösen.

Schauen wir uns ihren Weg der Entwicklung einer technischen Lösung hierfür einmal genauer an. Ihr Ziel war es, unter den Trümmern begrabene Personen zu orten und einigermaßen sichere Zugänge für Ersthelfer zu finden. Es soll also eine Maschine geschaffen werden, die aus eigener Kraft in eine bestimmte Umgebung, wie z. B. eine Ruine, vordringt. Eine solche Umgebung ist durch völlig unterschiedlich geformte und nicht einsehbare Hohlräume gekennzeichnet.

Was alle Maschinen, die bestimmte Bewegungen ausführen, gemeinsam haben, ist ein Antrieb zum Erzeugen eigener Fortbewegungskraft. Dafür haben Maschinen beispielsweise einen Motor. Die vielfache, vollständige Umdrehung um eine eigene Körperachse in einem geschlossenen Kreis ist typisch für die Technik. Ein Beispiel dafür sind Räder. Sie sind jedoch nicht die einzige Fortbewegungsmöglichkeit. Der erste Mars-Rover zeigte, dass andere Möglichkeiten als Räder notwendig waren: Er blieb mit seinen an unüberwindlichen Steinen hängen. Schauen wir daher, wie sich Lebewesen in der Natur fortbewegen und Hindernisse überwinden.

Vierbeinige Säugetiere heben beispielsweise bei langsamer Fortbewegung einen Fuß nach dem anderen ab. Meist nutzen sie jedoch den Schwung des Rumpfes (dessen Massenträgheit) und heben zwei, drei oder, so beim Galopp, sogar alle Beine kurzzeitig vom Boden. Stabilisierung in der Bewegung bedarf allerdings einer großen Steuerungsleistung, entweder durch das motorische Zentrum unseres Gehirns oder in einem Rechnermodul in der Maschine, um den Rumpf ständig auszupendeln. Perfekt umgesetzt worden ist das für die Fortbewegung einer Person auf zwei Rädern beispielsweise mit dem Segway.

DIE TERRESTRISCH AUTOMOBILEN ROBOTER

In der Abbildung sind die Bewegungsformen Laufen, Kriechen, Schwimmen und Fliegen dargestellt. Dabei sind die Gliedmaßen wie Beine, Flügel und Flossen mit ihrer Form an die Bedingungen des Bodens, der Luft oder des Wassers perfekt angepasst. Für unsere Zielstellung suchen wir nach einer Bewegung auf oder im Boden. Gleichzeitig fällt uns auf, dass diese Umgebung auch ohne Gliedmaßen bewältigt werden kann, ja, sogar häufiger zu sein scheint: So haben Schlangen und viele Wurmarten zylindrisch-langgestreckte Rumpfformen. Da sie auch keine Gliedmaßen haben, kriechen oder schlängeln sie, um voranzukommen. Der Vorteil ihrer Körperform ist, dass sie nicht mit Körperfortsätzen hängen bleiben können.

Ordnung der Vielfalt – Bewegungssystematik landbewohnender Tiere

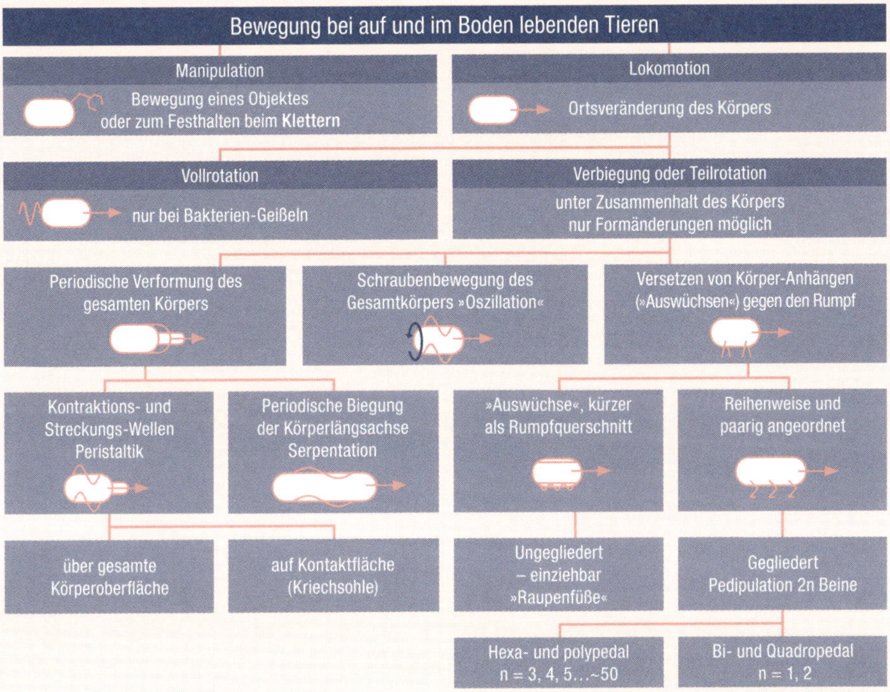

Diese Fortbewegung ist anstrengend für die Muskeln. Doch woher könnte der Antrieb für solche Bewegungen in der Technik kommen? Das Beispiel des japanischen Snake-like Robot kann hierauf eine Antwort geben. Dieser ist mit paarig angeordneten Motoren ausgestattet, die ihn in Gang setzen.

DIE AKTOREN – WINZIGE UND SUPER GENAUE ANTRIEBE

Diese Antriebe sind sehr kleine bis winzige Module, die mit elektronischen Bauteilen verbunden sind, sodass sie kaum voneinander getrennt werden können. Sie sind deshalb nicht mehr einfache Motoren und werden als Aktoren bezeichnet. Das Fach, welches diese Antriebe einsetzt, ist die Mechatronik. Sie ist besonders für den Autobau, die Medizin und die Astronautik wichtig.

Der Snake-like Robot von Professor Hirose

4 AUFBAU UND FUNKTIONSWEISE VON ROBOTERN

Eine (fast) unabhängige Maschine

Unser Bild vom Roboter ist das einer sich völlig selbstständig bewegenden und handelnden Maschine. In Wirklichkeit sind sie an einen festen Platz gebunden, weil Industrieroboter im Allgemeinen für genau festgelegte Arbeiten entwickelt wurden. Sie sind außerdem mit Kabeln und Schläuchen verbunden, über die sie die notwendige Energie erhalten. Will man einen frei beweglichen Roboter entwickeln, muss man also einen Weg finden, Energiequellen im Roboter selbst einzubauen. Eine Möglichkeit wären neben Elektromotoren große Akkus, wie sie z. B. in Elektroautos zu finden sind. Akkus liefern also die Energie, mit der in einem Roboter die Kraft für die Fortbewegung erzeugt werden kann. Diese Kraft wird dann über beispielsweise Räder, Propeller oder Gliedmaßen auf die Umgebung übertragen.

Doch das macht noch kein selbstständig handelndes System aus. Was noch fehlt, wird uns sofort klar, wenn wir noch einmal auf den Mars-Explorer schauen. Er muss sich weitgehend unabhängig vom Menschen bewegen, ja, sogar in Echtzeit selbst Entscheidungen auf seinem Erkundungskurs treffen. Dafür ist eine zentrale Regelung notwendig, mit der Informationen verarbeitet und Handlungsfolgen ausgelöst werden können.

Damit eine zentrale Regelung Informationen aus der Umwelt erhalten kann, muss der Roboter auf seiner Oberfläche mit verschiedenen Sensoren ausgestattet sein. Die Aktoren sorgen dann dafür, dass entsprechende Bewegungen

Regelkreis – allgemeine Komponenten – angewandt auf das Klettern

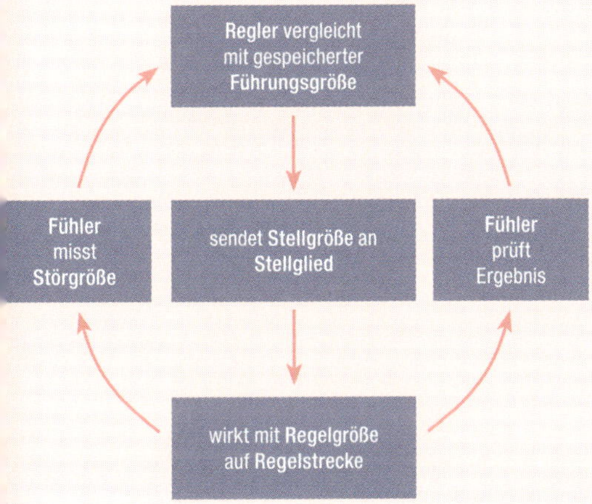

Der **Regler** speichert erforderlichen **Soll-Wert** der Muskelkraft zum Festhalten beim Klettern.
Als **Störgröße** wirkt das Abrutschen.
Messfühler (z. B. Sensoren in der Hand) messen das als **Ist-Wert**.

- Vergleich zw. »Ist« und »Soll«
- **Regler** im Gehirn gibt vor, um wie viel die Greifkraft nachgestellt werden muss
- **Stellglied** (z. B. Aktorfaser im Muskel) wirkt auf **Regelstrecke** (z. B. Muskelkontraktion der Hände)
- Regelkreis ist geschlossen (»Rückkopplung«)
- eventuell wirkt neue Störgröße
- weitere Nachregelung nötig

(bzw. Handlungsfolgen) umgesetzt werden. Denken wir wieder an unser Ziel, einen Roboter für das Aufspüren verschütteter Menschen zu entwerfen: Er sollte zusätzlich mindestens einen Sensor haben, mit dem er Informationen über den Zustand der Personen übertragen kann. Dieser Sensor sollte geringste Bewegungen, beispielsweise Herzschlag und Atmung, wahrnehmen.

METHODE DER IDEENFINDUNG

Wie sich herausstellt, ist die Lokalisierung, also das Finden derjenigen Stelle, an der sich die verschütteten Personen befinden, weniger das Problem. Dafür lassen sich Drohnen einsetzen, die mit Infrarotkameras ausgestattet sind. Neuerdings gibt es für solche Einsätze auch »hörende Drohnen«. Diese sind mit einem empfindlichen Mikrofon als »Drohnenohren«, einem sogenannten »Mikrofonarray«, und einer Einrichtung zur Sichtbarmachung der Töne ausgestattet. Damit können verschüttete Personen ziemlich schnell geortet werden.

Das Problem besteht vielmehr darin, wie die Rettungsmannschaften in den Trümmerspalten und engen Gängen den kürzesten und einfachsten Weg zu den Verschütteten finden können, ohne selbst in große Gefahr zu geraten.

Sinne, Wahrnehmungsorgane und technische Lösungen

Sinnesart / Signalform	Wahrnehmungsorgan in der Natur	Technische Signalaufnehmer / Messfühler (beispielhaft)	Zur Ausstattung einer Suchsonde?
Sehen	Auge mit Lichtsinneszellen der Netzhaut	Elektronische Kamera mit CCD-Matrix	
Hören	Ohr mit Härchenzellen des Innenohrs	Mikrofon mit Tauchspule oder Piezokristall	
Riechen / Schmecken	Nase mit Riechzellen / Zunge mit Geschmacks-knospen	Brandmelder, pH-Messsonde	
Tasten	Haut mit verschiedenen Tastkörperchen, Tasthaare auf Sensillenfeld	Niederdruck-Manometer, Kontaktsensoren, Touchscreen	
Hitze-/ Kältegefühl	Haut mit Temperatur-Fühlzellen	Elektronische Thermometer, Infrarot-Messfühler	
Elektrische bzw. magnetische Felder	Fische bzw. Vögel mit speziellen Rezeptoren, beim Menschen kein Sinnesorgan	Volt- / Amperemeter, elektronischer Kompass	
Bewegungsgefühl	Dehnungsrezeptoren in Muskeln und Gelenken, Bogengänge im Innenohr	Drehmomenten-Messgerät, Gyroskopischer Lagesensor bei Robotern	

Aufgabe:
Entscheide selbst aus den aufgezählten Beispielen in der Tabelle, welche Sensoren für unseren Roboter geeignet wären. Kreuze in der hinteren Spalte die entsprechende Zeile an.

Um das Problem zu lösen, begaben sich die Wissenschaftler auf die Suche nach Vorbildern in der Natur. Dabei ist es eine Tatsache, dass sich von der lebenden Natur, mit all ihren Pflanzen und Tieren, viele interessante Denkanregungen und Konstruktionsideen ableiten lassen. So lernten die Wissenschaftler von der Natur und orientierten sich an Würmern und Schlangen, die sich verhältnismäßig leicht durch enge Spalten zwängen können. Ringelwürmer *(Annelida)* eignen sich als lebende Vorbilder für die Entwicklung von Kriechrobotern – sie können durch kleinste Spalten an bisher unzugängliche Stellen gelangen und so die Einsatzkräfte bei der Suche unterstützen.

Ringelung des Wurmes

Betrachten wir einen Ringelwurm, so fällt sofort das namensgebende Baumerkmal auf: die Ringelung. Es zeichnen sich Zwischenwände auf der Außenhaut ab, die flüssigkeitsgefüllten Kammern. Der Körper besteht in seiner ganzen Länge aus diesen Kammern (Segmenten). Sie werden durch längs ziehende Muskeln verkürzt und dadurch verdickt. Durch Ringmuskeln, die wie eine Schlauchhülle den Körper umfassen, verengen sich die Segmente und werden somit wieder ausgestreckt.

Welcher Ringelwurm aber wäre geeignet? Er ist ein Leckerbissen für Igel, und bei Vögeln, speziell bei Amseln, steht er ganz oben auf der Speisekarte. Die Angler nehmen ihn als Fischspeise an den Haken – es ist der Gemeine Regenwurm *(Lumbricus terrestris)*. Ja, dieser auf den ersten Blick einfache Wurm ist allgemein bekannt. Wir finden ihn beim Umgraben und Auflockern der Gartenbeete, obwohl er weder Arme noch Beine hat. Seine Fortbewegung mit Hilfe seiner Hautmuskulatur ist dabei für die Lösung des oben genannten Problems besonders interessant. Um einen kriechenden Wurmroboter zu bauen, muss man erst einmal verstehen, wie die Fortbewegung eines Regenwurmes im Detail erfolgt. Wir können selbst die Fortbewegung von Regenwürmern untersuchen, wenn wir die Würmer in einem mit Erde gefüllten Einmach- oder Marmeladenglas beobachten.

METHODE DER BEOBACHTUNG

Wenn das Beobachtungsglas mit drei Schichten, bestehend aus Erde, klein geschnittenen Blättern und Sand, gefüllt wird, kann man sehen, wie sich die Regenwürmer an der Innenseite der Glaswand bewegen und dabei die Erde emsig durchmischen. Nach der Beobachtung schüttet man den Inhalt des Glases, Erde und Regenwürmer auf den Komposthaufen oder ein Beet im Garten.

Aufgabe:

Skizziere die Fortbewegung eines Regenwurmes! Stelle dabei einen Regenwurm in seinen Ringgliedern dar und beschreibe deren Verkürzung und Verlängerung.

Der »Motor« der tierischen Organismen scheint offensichtlich: Es ist der Muskel, oder besser ihre gesamte Muskulatur. Wird ein Regenwurm näher untersucht, so ist festzustellen, dass er aus vielen ringförmigen Gliedern, den sogenannten Segmenten, besteht. Sie bilden einen langen gegliederten Hautmuskelschlauch. Muskeln, so wissen wir, können sich zusammenziehen und wieder entspannen.

Beim Zusammenziehen wird der Muskel kürzer, beim Entspannen erschlafft er und wird etwas länger. Regenwürmer bewegen sich fort, indem sie ihren Hautmuskelschlauch wellenartig in einem bestimmten Rhythmus zusammenziehen und wieder entspannen. Der Hautmuskelschlauch besteht aus zwei Muskelgruppen, den Ring- und den Längsmuskeln. Diese wechseln sich beim Vorwärtsbewegen ab. Zuerst werden die Ringmuskeln an einer Stelle des Wurmkörpers zusammengezogen, wobei die Längsmuskeln erschlaffen. Der Körper wird dadurch eingeschnürt und die Gesamtlänge des Wurms erhöht sich. Wenn sich danach die Ringmuskeln wieder lockern, ziehen sich die Längsmuskeln abermals zusammen. Dieser Wechsel führt nicht nur zur Verdickung, sondern auch zum wellenartigen Nachrücken des hinter dieser Stelle befindlichen Körperbereiches. Fachleute nennen das »peristaltische Bewegung«.

Bau und Bewegung des Regenwurmes

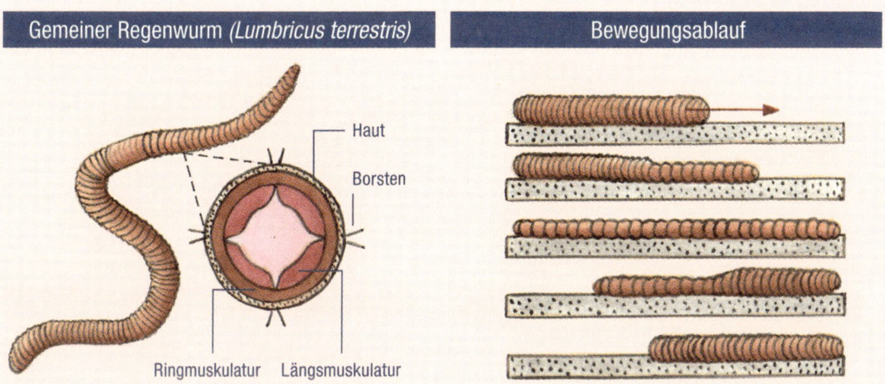

Auf den Segmenten des Regenwurmes befinden sich viele kleine Chitinborsten. Chitin ist ein weit verbreiteter, hornartiger Baustoff in der lebenden Natur, der sich in der Körperhülle von Insekten, Spinnen und Krebsen befindet. Die Chitinborsten des Regenwurmes sind auf den Segmenten paarweise angeordnet und verteilen sich auf vier Linien längs seines langen Körpers. Sie wirken wie Anker, die den Wurm im Boden festhalten, damit er bei der Fortbewegung, wenn sich die Längsmuskulatur zusammenzieht, nicht wieder zurückgleitet.

Alle diese Informationen sind für Forscher und Erfinder bedeutsam, um technische Lösungen für Such- und Rettungsroboter abzuleiten. Das Wissen über die Bewegungsweise des Regenwurmes dient Wissenschaftlern zur Denkanregung bei der Ideenfindung und Konstruktion solcher Roboter. Sind derartige Roboter fertiggestellt, dann haben sie kaum noch Ähnlichkeit mit einem Regenwurm. Nur der langgestreckte Körper erinnert an ihr Vorbild. Solche Wurmroboter lassen sich nicht nur zur Suche und Bergung von verschütteten Personen nutzen, sondern auch zur Inspektion und Reinigung von Rohrleitungen und Schächten.

Diese Roboter sind in der Regel mit einem Elektromotor ausgestattet, der die Kriechbewegung in mehrere Richtungen ermöglicht. Er enthält außerdem eine Kamera mit Beleuchtungseinrichtung und wird von außen über ein Touchscreen-Display gesteuert. Es gibt auch Wurmroboter, die sich mit Druckluftdüsen lenken lassen.

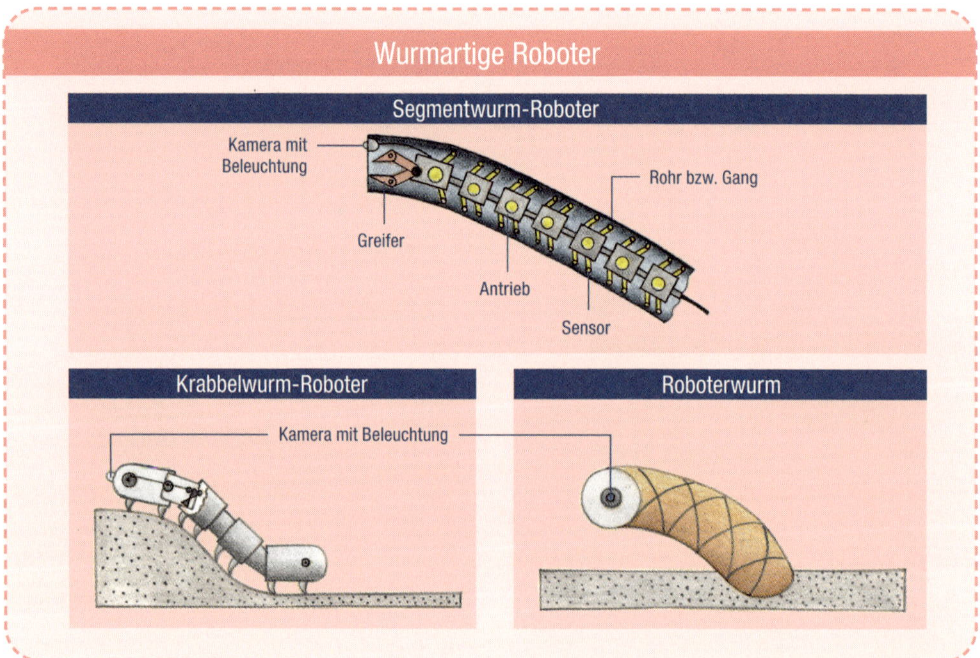

Im Tierreich existieren noch andere Fortbewegungsmöglichkeiten neben dem Kriechen, wie beispielsweise das Krabbeln von Kakerlaken, das Rollen von Sahara-Wüstenspinnen und das Rutschen von Pinguinen im Schnee. Es gibt also noch viel Interessantes von der Natur abzuschauen und auf die Entwicklung und Konstruktion von Robotern zu übertragen.

Technisches Funktionsmodell einer aktiv vorandringenden Sonde

Mindestens drei Segmente sind im technischen Konstruktions-Modell für den Vorschub nötig.

A

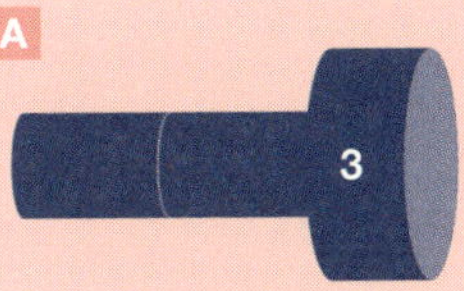

Längsmuskeln des hinteren (3.) Segments verkürzen sich

- es dehnt sich somit im Durchmesser aus (»kurz und dick«)
- klemmt den Körper gegen Zurückrutschen

B

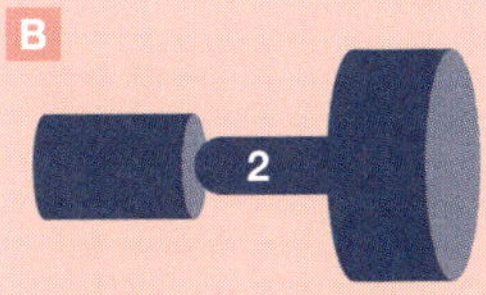

Ringmuskeln im mittleren (2.) Segment ziehen Durchmesser zusammen

- es streckt sich in Längsrichtung (»dünn und lang«)
- bewirkt Vorschub

C

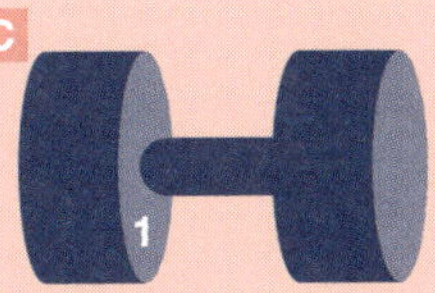

Im vorderen (1.) Segment ziehen sich die Längsmuskeln zusammen

- dehnt im Umfang aus (»kurz und dick«)
- klemmt Körper auf neuer Position fest

D

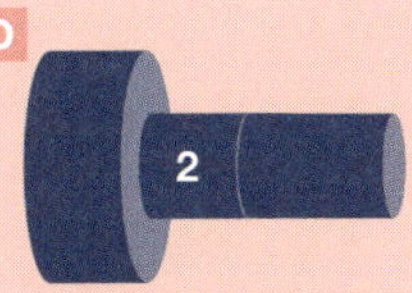

Im mittleren (2.) Segment verkürzen sich die Längsmuskeln

- ziehen dabei den Körper nach

Anders als in der schematischen Vereinfachung sind beim echten Regenwurm immer mehrere Segmente gleichermaßen in Bewegung und die Übergänge sind daher nicht so scharf abgegrenzt.

Merke!

Anregungen aus der Natur

Je nach Problemstellung können ganz verschiedene Arten von Lebewesen und sogar allgemein wirkende biologische Vorgänge wie die Evolution als Anregung für eine technische Lösung dienen. Wobei ein einfaches Nachbauen der Natur selten zum Erfolg führen wird. Clevere Lösungen sehen meist gar nicht mehr aus wie das natürliche Vorbild. So hat die künstliche »Drohne« mit der männlichen Biene auch nur noch die Flugfähigkeit gemeinsam.

5 PROTHESEN

Mehr als Gliederersatz

Gehen durch Unfälle Körperteile verloren, können diese durch Prothesen ersetzt werden. Dadurch ist es möglich, die Körperfunktionen weiterhin aufrechtzuerhalten.

Der Ersatz des Oberschnabels eines Eisvogels ist eine solche prothetische Versorgung – in der Medizin weit verbreitet. Lange Tradition hat z. B. die Herstellung von Glasaugen als Ersatz für echte Augen. Sie werden von wahren Glaskünstlern so hergestellt, dass im Vergleich mit dem verbliebenen natürlichen Auge oft nur die gestörte Bewegung des gesamten Auges und der Pupille auffällt. Diese Art von Prothesen hat vor allem eine Funktion für das Erscheinungsbild. Die Träger wollen unauffällig aussehen und damit soziale Ausgrenzung vermeiden. Bekannte Träger solcher künstlichen Augen sind Sammy Davis jr. (Entertainer), Peter Falk (Schauspieler, bekannt als »Inspector Columbo«) oder Fetty Wap (Rapper).

Peter Falk trug eine Augenprothese

Eisvogel *(Alcedo atthis)*

Ida und Charlotte auf Exkursion in den Herrenhöfer Kiesgruben

Ida und Charlotte zeigen Bionikus den verletzten Eisvogel.

Bionikus berichtet, dass der Schnabel des Vogels ein besonders wichtiges Organ ist. Er diente sogar als originelles Vorbild für die Konstruktion der Front des japanischen Hochgeschwindigkeitszuges »Shinkansen«.

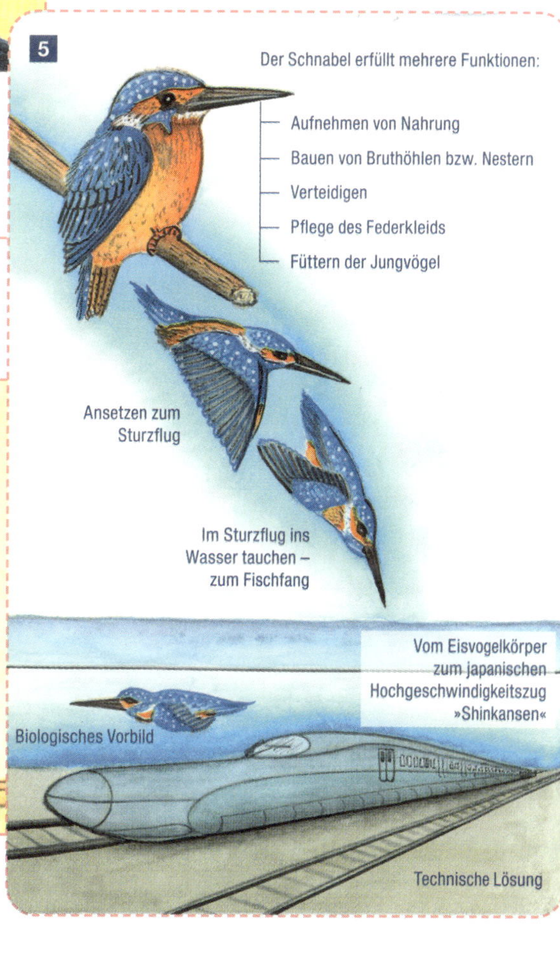

Ida und Charlotte kümmern sich um den Eisvogel

Der Eisvogel mit dem abgebrochenen Oberschnabel

Beim Tierarzt

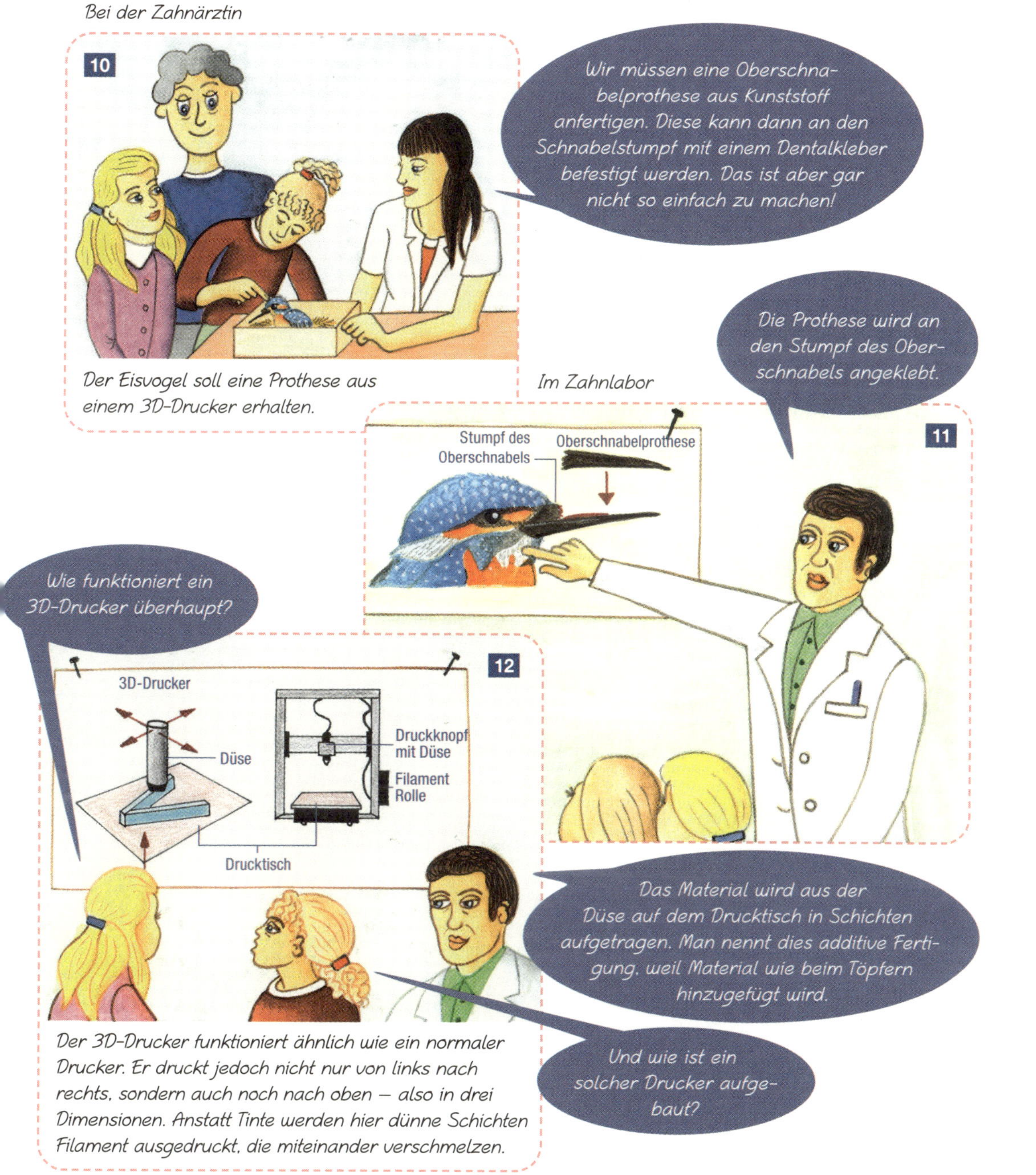
Bei der Zahnärztin
10
Wir müssen eine Oberschnabelprothese aus Kunststoff anfertigen. Diese kann dann an den Schnabelstumpf mit einem Dentalkleber befestigt werden. Das ist aber gar nicht so einfach zu machen!
Der Eisvogel soll eine Prothese aus einem 3D-Drucker erhalten.
Im Zahnlabor
Die Prothese wird an den Stumpf des Oberschnabels angeklebt.
11
Stumpf des Oberschnabels
Oberschnabelprothese
Wie funktioniert ein 3D-Drucker überhaupt?
12
3D-Drucker
Düse
Druckknopf mit Düse
Filament Rolle
Drucktisch
Das Material wird aus der Düse auf dem Drucktisch in Schichten aufgetragen. Man nennt dies additive Fertigung, weil Material wie beim Töpfern hinzugefügt wird.
Der 3D-Drucker funktioniert ähnlich wie ein normaler Drucker. Er druckt jedoch nicht nur von links nach rechts, sondern auch noch nach oben – also in drei Dimensionen. Anstatt Tinte werden hier dünne Schichten Filament ausgedruckt, die miteinander verschmelzen.
Und wie ist ein solcher Drucker aufgebaut?

13

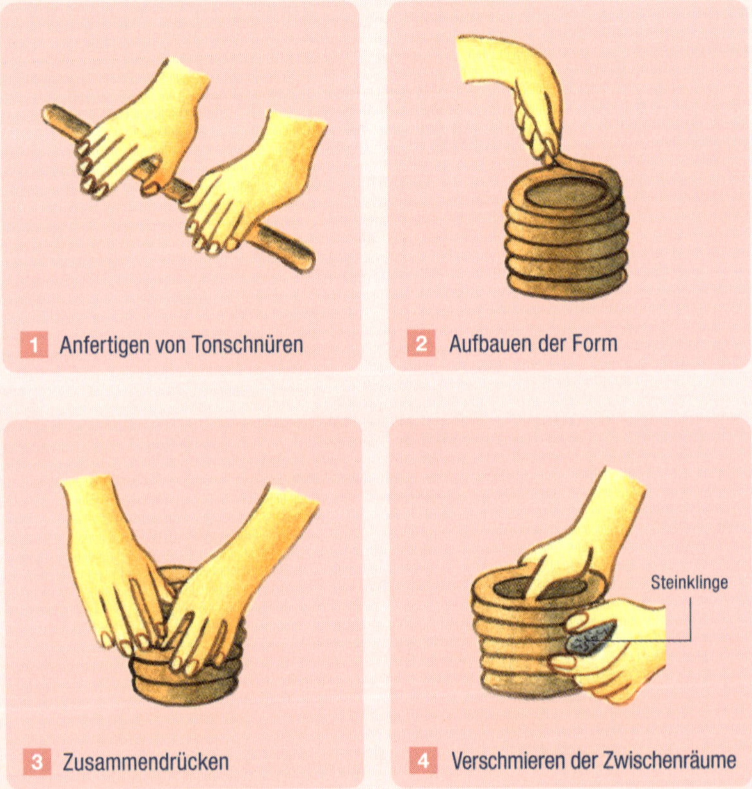

1 Anfertigen von Tonschnüren

2 Aufbauen der Form

3 Zusammendrücken

4 Verschmieren der Zwischenräume

Ähnlichkeit des 3D-Druckers mit dem Töpfern

Der 3D-Drucker druckt mit einer Masse aus Kunststoff. Dieser ist in langen Schnüren auf Spulen aufgerollt, was Filament genannt wird. Das ist ähnlich wie bei der Wulsttechnik beim Töpfern. Da werden kleine Tonschnüre angefertigt und schichtweise übereinandergelegt.

14

Eine Fläche ist zweidimensional und wird in Länge (x) und Breite (y) wiedergegeben.

Ein Körper ist dreidimensional und wird in Länge (x), Breite (y) und Höhe (z) wiedergegeben.

Ein Eisvogel im dreidimensionalen Raum

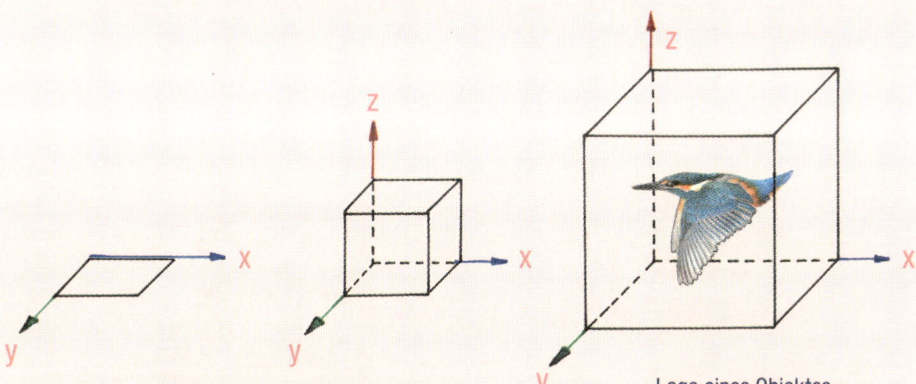

Fläche

Körper

Lage eines Objektes (Vogel) im Raum

3D-Technik

3D – Drei Dimensionen im Raum

Der Raum um uns ist dreidimensional. Er lässt sich in Länge (x), Breite (y) und Höhe (z), also in drei Dimensionen darstellen. Objekte bzw. Gegenstände lassen sich in solchen Modellräumen abbilden.

14

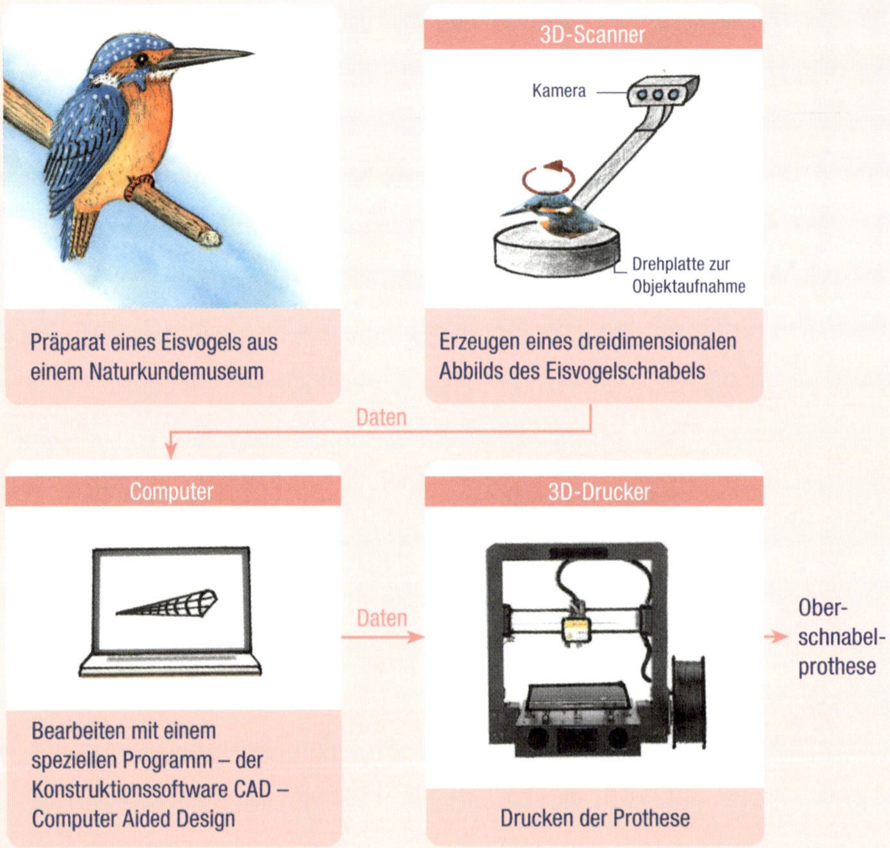

Herstellen eines 3D-Objektes
Mit dem 3D-Scanner werden Objekte dreidimensional gescannt. Dadurch erhält man Daten, die mit einer 3D-Software auf dem Computer bearbeitet werden können. Anschließend wird das nachmodellierte Objekt am 3D-Drucker angefertigt.

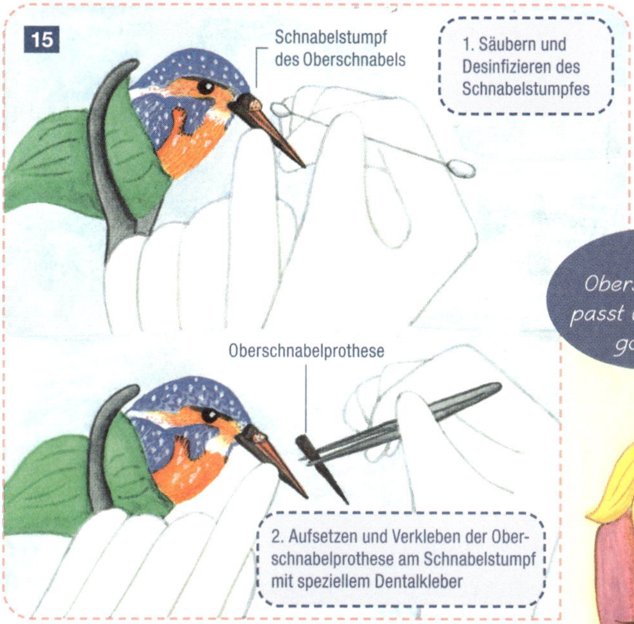

An den Herrenhöfer Kiesgrubenteichen …

Die Oberschnabelprothese des Eisvogels oder eine Zahnprothese haben diese Aufgabe auch, aber der Ersatz einer ausgefallenen mechanischen Funktion steht hierbei im Vordergrund. Beide Prothesen ermöglichen (oder erleichtern) die Nahrungsaufnahme. Das menschliche Kauen ist eine komplizierte Angelegenheit, sodass es mit den Zahnärzten eine eigene Berufsgruppe gibt, die sich vorrangig darum kümmert.

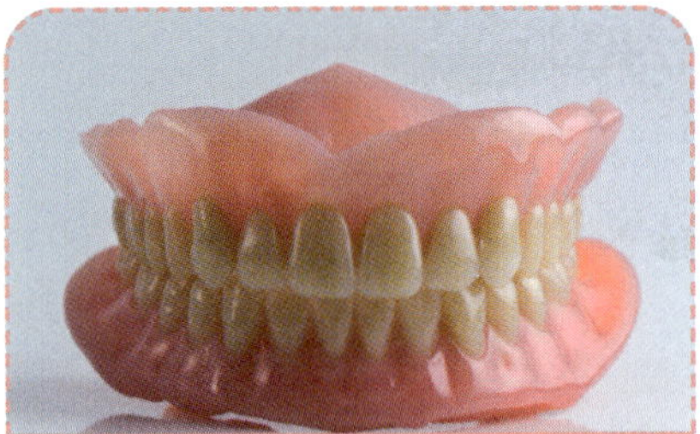

Zahnprothese

Prothesen müssen also gleichermaßen die Gestalt und die Funktionen natürlicher Körperteile ersetzen.

GESTALT, STRUKTUR UND FUNKTION

Unsere bisherigen Beispiele stellen »passive« Prothesen dar. Sie nutzen zur Ausübung ihrer Funktionen die Antriebe und Steuerung des übrigen Körpers. Das verbreitetste Beispiel für eine große passive Prothese ist eine Hüftgelenkendoprothese.

Hüftgelenkendoprothese

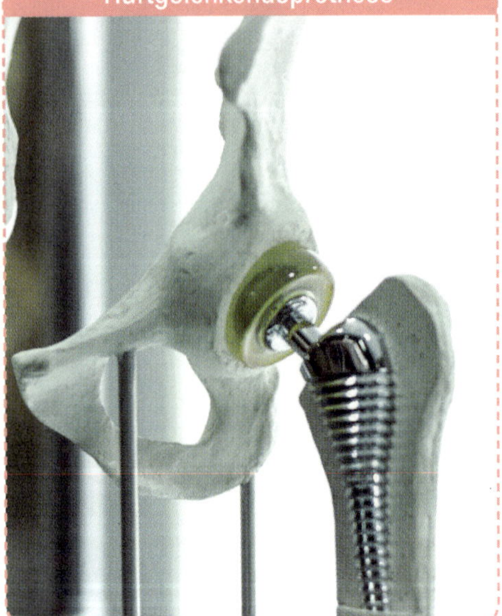

Eine Prothese (im Deutschen »Körperersatzstück« genannt) ersetzt verlorene Teile des Körpers. Man müsste also korrekt von »Körperteil-Ersatzstücken« sprechen. Prothese bedeutet ursprünglich »Hinzufügung«. Das wäre heute zu ungenau, denn Prothesen beschreiben eigentlich ein Ersetzen. Für Teile, die dem Körper nur hinzugefügt werden, um seine Funktionen zu ergänzen, gibt es ein anderes Wort. Solche Hilfsmittel nennen wir Orthesen. Nun weiß jede Person, die Brackets zum Richten der Zähne trägt, dass es sich dabei um Orthesen handelt.

PROTHESE UND ORTHESE IM VERGLEICH

Für beide Hilfsmittel, Prothesen und Orthesen, kann man heute zwei Gruppen unterscheiden: Die schon angesprochene passive Variante, hier erduldet die Prothese das Bewegtwerden zumeist durch die Muskeln des Körpers, und die aktive Variante, bei der Motoren die Funktionen von Muskeln übernehmen. Die schon angesprochenen Brackets für die Zähne bestehen häufig aus Formgedächtnisdrähten. Diese wurden darauf »programmiert«, eine bestimmte Form anzunehmen, und rücken die Zähne so lange in eine vorgegebene Richtung, bis alle Zähne in der gewünschten Reihe stehen. Bei dieser Lösung handelt es sich also um eine aktive Orthese, auch wenn die Bewegungen ganz langsam erfolgen.

Und damit kommen wir zur Antwort auf die Frage, warum zwei scheinbar so verschiedene Themen wie »Bioroboter« und »Prothesen« gemeinsam in einem Buch besprochen werden. Beide wurden bis zum Ende des letzten Jahrhunderts vorrangig aus Metallen hergestellt. Mit zunehmender Technisierung und der Entwicklung neuer Materialien ergaben sich neue Möglichkeiten für den Roboter- und Prothesenbau. Maßgeschneiderte Kombinationen aus starren und nachgiebigen Strukturen wurden möglich, angetrieben von kleinen, energiesparenden Motoren unter der Kontrolle schneller Kleinstrechner.

Kniegelenkorthese

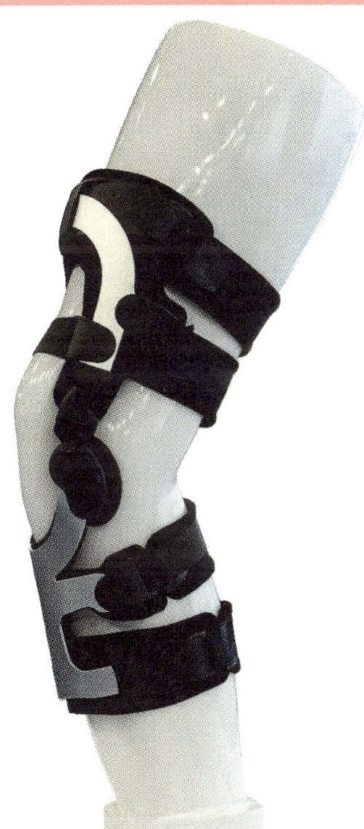

Mit diesen neuen Möglichkeiten konnte man sich an bisher nicht machbare Erfindungen herantrauen. Die so geschaffenen Roboter und Prothesen sind in der Lage, Tier- und Menschenbewegungen technisch nachzuahmen. Und daher finden diese Themen ganz selbstverständlich gemeinsam Platz in einem Buch.

Roboterrätsel

Robi war einkaufen. Die Buchstaben in den dunklen Kästchen ergeben ein Lösungswort. Versuche, die Buchstaben in eine sinnvolle Reihenfolge zu setzen. Finde bei 5 heraus, was Robi in seiner Einkaufstasche mitgebracht hat.

1 Senkrecht: Bedienelement, welches durch Drücken betätigt wird und nach dem Loslassen in die Ausgangslage zurückkehrt.

2 Waagerecht: Scheibenförmiges Gebilde, welches sich um eine Achse dreht.

3 Senkrecht: Zeitmesser

4 Senkrecht: Maßeinheit für den Informationsgehalt

5 Pflanzengattung aus der Familie der Nachtschattengewächse

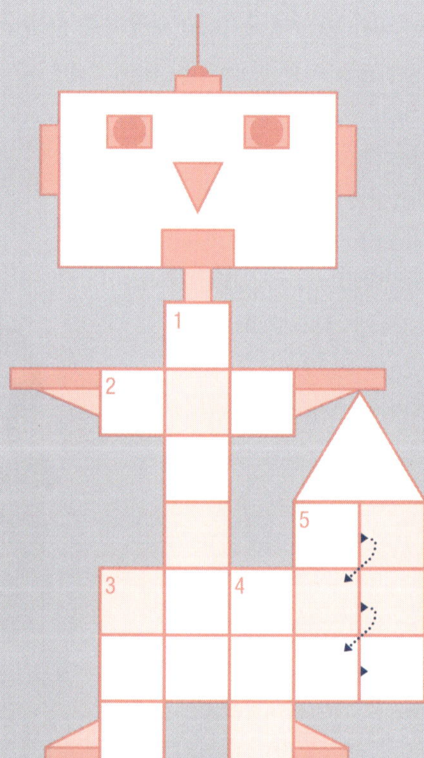

Lösungswort

1	2	3	4	5	6	7

HANDPROTHESEN MIT FEINGEFÜHL

Götz von Berlichingen wäre sicherlich darüber sehr erstaunt, welche Hightech-Prothesen es heute gibt. Obwohl seine eiserne Hand zu seiner Zeit auch ein Hightech-Produkt war, sind die heutigen Handprothesen dagegen leicht, flexibel sowie mit allerlei Sensoren ausgestattet und auch noch ziemlich gefühlvoll.

Sensor

Ein Sensor ist ein technisches Bauteil, mit dem physikalische Größen, wie beispielsweise Druck, Temperatur und Lichtintensität, in ein elektrisches Signal umgewandelt werden. Sensoren haben also die Aufgabe, ein nichtelektrisches Signal in ein elektrisches Signal umzuwandeln.

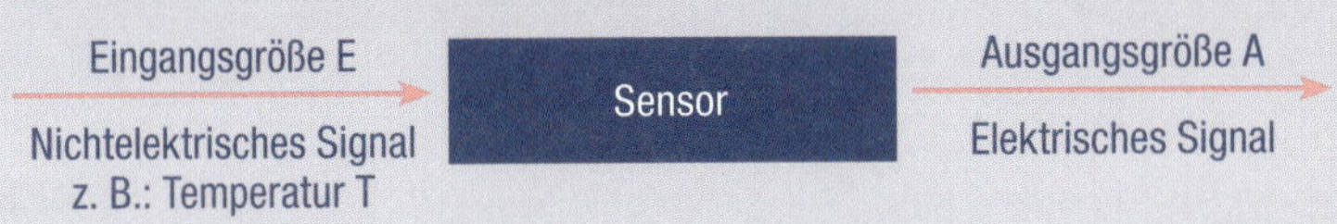

Die technische Entwicklung von Prothesen schreitet durch den Einfallsreichtum ihrer Entwickler und Konstrukteure immer weiter voran. Die Mikroelektronik und der Einsatz leistungsfähiger Sensoren machen das möglich. Heute sind Prothesen ohne Sensoren nicht denkbar. Künstliche Hände, also Handprothesen, können mittlerweile Temperaturunterschiede von Greifobjekten und auch Druckkräfte beim Händeschütteln wahrnehmen. Der Träger einer Handprothese ist beispielsweise in der Lage, eine Tasse Tee anzufassen und zu fühlen, wie warm diese ist.

Moderne Handprothesen können noch mehr. Eine mit Mechanosensoren an den Fingerspitzen ausgerüstete Handprothese kann dem Gehirn des Trägers eine Rückmeldung geben, welchen Druck, ob groß oder klein, er mit ihr ausüben muss, um einen zerbrechlichen oder einen robusten Gegenstand sicher zu halten. Die handamputierte Person hat dabei den Eindruck, dass sie tatsächlich fühlen kann – und das dank der Sensoren.

Die Finger dieser künstlichen Hand werden mit Druckluft betrieben. Sie bestehen aus gekammerten Kunststoffschläuchen, die mit einem knochenähnli-

Handprothese fühlt heiß und kalt

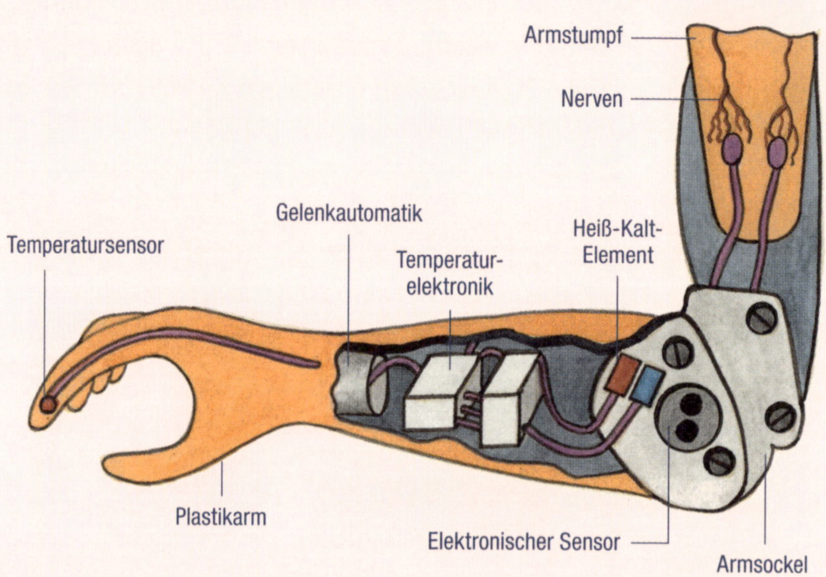

chen Stützgerüst stabilisiert werden. Wie ein aufgeblasener Luftballon werden sie in Form gebracht und gedanklich gesteuert. Folgende Situation soll diese Tatsache veranschaulichen: Vor dem Träger der Handprothese steht ein Glas Milch, welches er zum Trinken aufnehmen muss. Weil er an die Bewegung denkt, entstehen in seinem Gehirn elektrische Signale. Diese werden vom Gehirn zum Armstumpf und von da aus zu einer Steuereinrichtung übertragen, die sich am Körper befindet. In dieser Einrichtung werden die elektrischen Signale in die Bewegungen der Finger umgewandelt. Ein mit der Steuereinrichtung verbundenes Pneumatikteil bewegt die Finger dann, wenn sie mit Druckluft gefüllt werden.

i Pneumatik

Die Pneumatik ist ein Teilgebiet der Mechanik und beschäftigt sich mit der technischen Anwendung von Druckluft, um damit Arbeit zu verrichten. Sie wird besonders in der Steuerungs- und Automatisierungstechnik angewendet.

Die Handprothese ist mit der programmierten Steuerung auch in der Lage, bestimmte Handgriffe auszuführen. Es lassen sich entweder zwei oder drei Finger zum Greifen bewegen oder die Finger zu einer Faust ballen. Schauen wir uns nun eine andere moderne Prothese und ihre Entwicklung an.

Feingefühl: Zerbrechliche Eistüte mit den Fingern sanft umschlossen

BIOMECHATRONIK: DAS OSSÜR LEG

Hugh Herr ist begeisterter Freeclimber und Extremkletterer. 1982 geriet er beim Ersteigen des Mount Washington in einen Schneesturm. Als er nach drei Tagen gerettet wurde, mussten ihm wegen Erfrierungen beide Beine ab dem Knie amputiert werden. Statt mit dem Schicksal zu hadern und auf seinen geliebten Sport zu verzichten, machte sich der Elektroingenieur daran, eine aktive Prothese, die auf dem Markt nicht zu kaufen war, selbst zu entwickeln. Zusammen mit der isländischen Prothesen-Firma Ossür schuf er ein Bein (engl. *leg*), das inzwischen vielen Menschen zu einem normalen Leben verholfen hat.

Hugh Herr

In Kombination mit modischem Design besitzen solche Prothesen inzwischen Kultstatus, sodass sie nicht mehr versteckt, sondern als Hightech-Produkt stolz vorgezeigt werden.

Weil für das Schaffen des Ossür Leg und seiner Nachfolger Kenntnisse aus der Medizin, dem Maschinenbau, der Elektro-

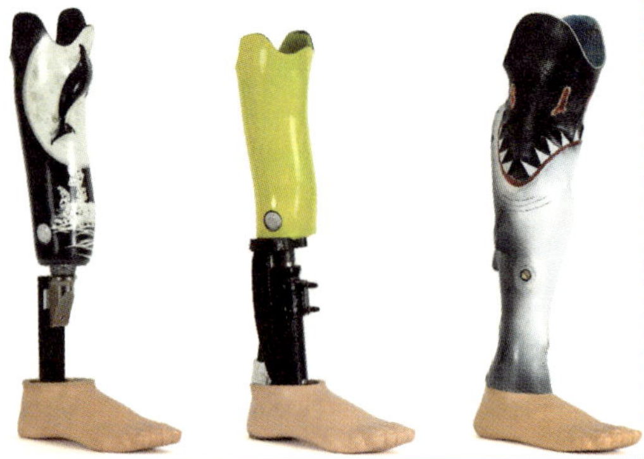

Design einer modernen Unterschenkel-Exoprothese

technik, der Steuer- und Regeltechnik wie der Informatik erforderlich waren, kombinierte Hugh Herr die Oberbegriffe für Biologie und Medizin mit jenen für die fachübergreifende Technik und schuf das Kunstwort Biomechatronics (deutsch: Biomechatronik) für das, was er selbst als neues Fach erschaffen hatte. Die Biomechatronik hat sich rasant entwickelt und auf ihrer biologischen Seiten tiefe Blicke in die Natur getan. Einerseits hat sie den Lebenswissenschaftlern neue Methoden und Geräte geliefert, andererseits wird in der Biomechatronik mit Biologen zusammen Bionik betrieben.

Der Einzug der Mechatronik in die Medizin hat die Entwicklung von vor kurzem noch unvorstellbaren Hilfsmitteln wie Netzhautprothesen möglich gemacht. Dabei werden die Signale einer als Brille getarnten Videokamera über die Netzhaut an das Gehirn weitergeleitet.

EXOSKELETTE

Wirbeltiere haben ein Traggerüst, das ihren Körper stützt: das Skelett. Während Menschen und Säugetiere ihr Skelett im Inneren ihres Körpers verbergen, tragen Insekten die steifen Tragstrukturen außen am Körper, zum Beispiel als Chitin-Panzer. Solche Skelette nennt man Exoskelette. Ein Exoskelett ist also ein äußeres Trag- und Stützwerk. Der Begriff und die Idee dahinter wurden von der Technik aus der Biologie übernommen.

So wurden technische Exoskelette entwickelt, die an Menschen angepasst werden. Durch solche äußeren Skelette können Bewegungen ausgeführt werden, die aufgrund von Erkrankungen unmöglich geworden sind. Das ist beispielsweise bei Querschnittslähmungen der Fall.

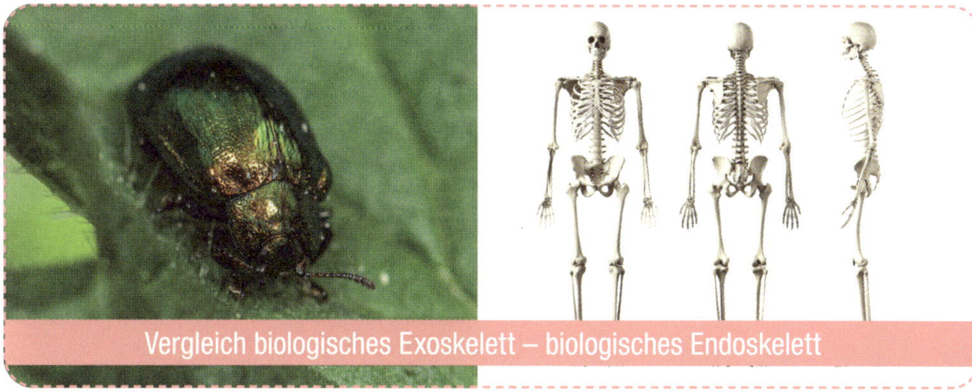

Vergleich biologisches Exoskelett – biologisches Endoskelett

Der Einsatz solcher Exoskelette könnte auch bei körperlich anstrengenden Arbeiten hilfreich sein, um Menschen durch die zusätzliche Kraft der Technik zu entlasten.

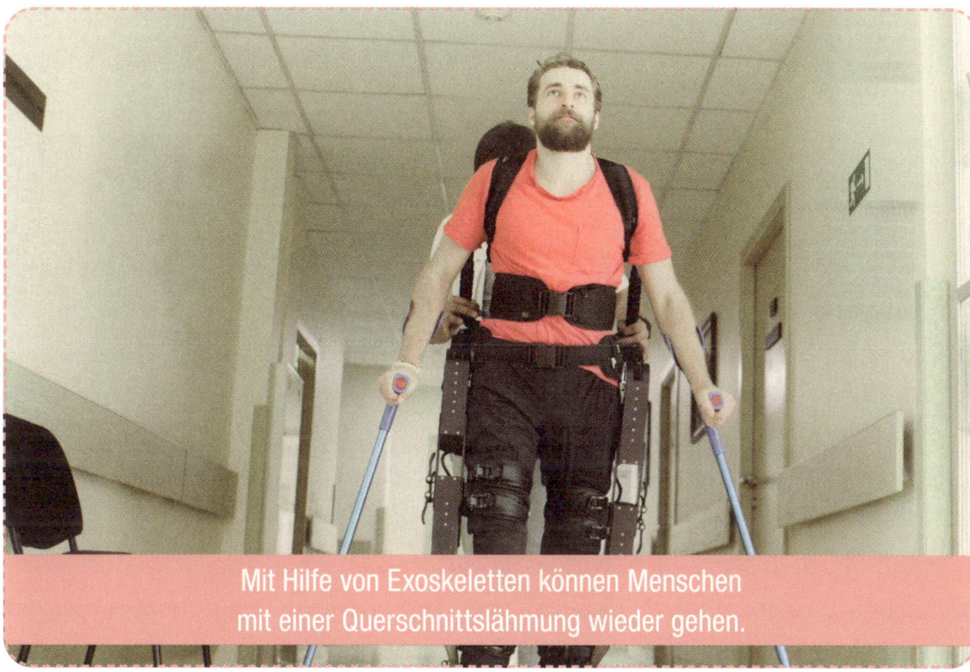

Mit Hilfe von Exoskeletten können Menschen mit einer Querschnittslähmung wieder gehen.

6 WOHIN GEHT DIE ENTWICKLUNG VON ROBOTERN UND PROTHESEN

Ein Ausblick

Die Entwicklung von Robotern und Prothesen schreitet rasant voran. Durch die Anwendung neuer Technologien lässt sich heute vieles verwirklichen, von dem man früher nur träumen konnte. Was die Exoskelette betrifft, wollen Ingenieure die bisher ziemlich schweren Elektromotoren durch im Labor gezüchtete menschliche Muskeln ersetzen. Die Muskeln sollen dabei mit den mechanischen Teilen des Skeletts verbunden und über Gehirnsignale des Trägers gesteuert werden. Es geht also zukünftig darum, neuartige Prothesen zu entwickeln, die sich mit gezüchtetem Gewebe verbinden lassen. Diese Entwicklungsrichtung in der Prothetik wird »Einsatz biohybrider Körperteile« genannt und ist vielversprechend.

In der weiteren Roboterentwicklung geht es insgesamt um das unmittelbare Zusammenwirken von Mensch und Roboter. Roboter arbeiten zukünftig Hand in Hand mit dem Menschen, wobei die Zusammenarbeit aber stets durch den Menschen bestimmt wird. Es wird auch Industrieroboter geben, die eigenständig und ohne menschliche Hilfe ganz bestimmte Aufgaben durchführen können. Diese Roboter sind mit Software ausgestattet, die auf der Grundlage von künstlicher Intelligenz (KI) funktioniert. Sie besitzen außerdem Bildverarbeitungseinrichtungen und Sensoren, um damit anspruchsvolle Aufgaben in der Fertigung und Montage von Erzeugnissen durchzuführen. Beispielsweise können solche Roboter das sortengerechte Trennen von Abfällen auf Förderbändern übernehmen, was vorher durch menschliche Hände bewerkstelligt wurde.

Miniaturisierung, moderne Bildverarbeitung, künstliche Intelligenz, Sensorisierung und biohybride Körperteile sind heute wichtige Entwicklungsrichtungen von Robotern und Prothesen – die Entwicklung bleibt ziemlich spannend. Was dabei das Verbinden von der Natur und Technik betrifft, so machte schon vor über 100 Jahren der Biotechniker Raoul H. Francé (1874–1943) in seinem Buch »Die Pflanze als Erfinder« darauf aufmerksam, »dass zuletzt die Technik des Organischen und die des Menschen identisch sind«.

Arbeitsblatt 1: Wähle aus!

Pro Zeile wird nur von einer Abbildung der Anfangsbuchstabe gebraucht, um das Lösungswort in der mittleren Spalte von oben nach unten bilden zu können. Das Lösungswort bezeichnet ein elektronisches Gerät, das aus dem Alltag nicht mehr wegzudenken ist.

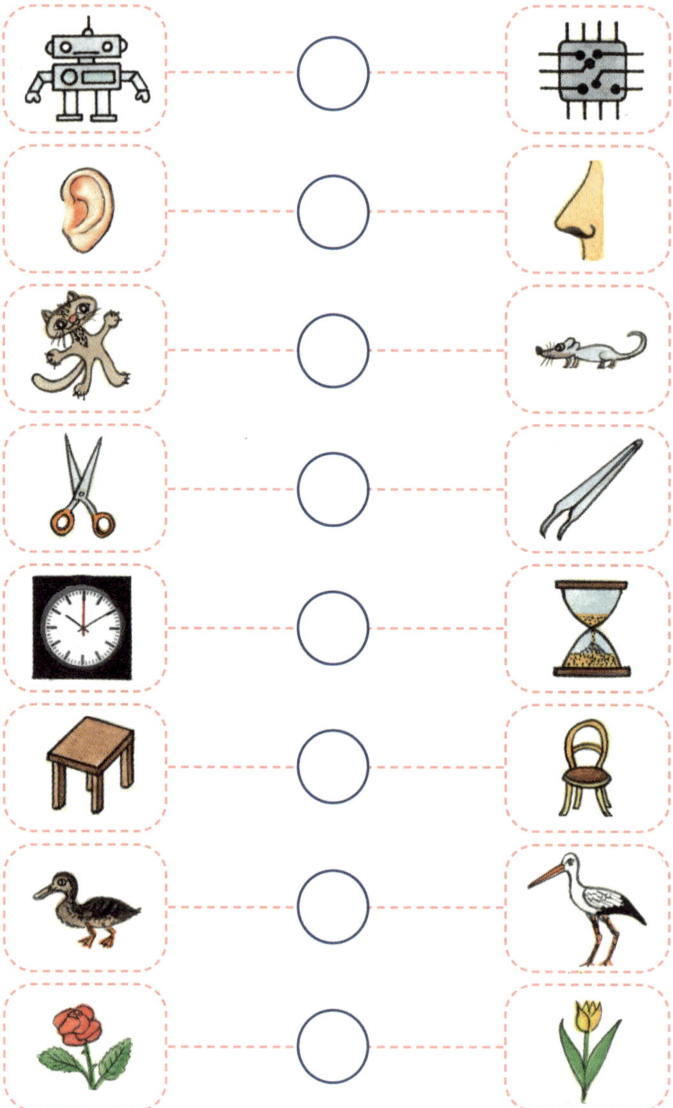

Arbeitsblatt 2: Quiz – Vervollständigen

Bilde aus den Buchstaben der richtigen Antworten ein wichtiges Lösungswort, welches in diesem Buch vorkommt.
Hinweis: Merke dir zu jeder richtigen Antwort den entsprechenden Buchstaben und setze diesen in der Kästchenzeile zum Lösungswort zusammen.

1. **Wodurch wird die Bewegung der Tempeltüren beim automatischen Türöffner und -schließer des Heron von Alexandria hervorgerufen?** Durch die …

a. Kraft der Hand auf die Türklinke
b. Wicklungsrichtung der Seile auf den Türangeln als vorher festgelegtes Programm
c. Wirkung eines Wasserstrahles auf die Türklinke

Trage den **10. Buchstaben** der richtigen Antwort in die Lösungszeile ein.

2. **Wer fertigte als Erster künstliche Gliedmaßen aus dem Werkstoff Holz an?**

a. Amboise Paré
b. Leonardo da Vinci
c. Jacques de Vaucanson

Trage den **4. Buchstaben** der richtigen Antwort in die Lösungszeile ein.

3. **Wie werden Roboter genannt, die nach dem Vorbild der Natur entwickelt wurden?**

a. Umwelt-Roboter
b. Natur-Roboter
c. Bio-Roboter

Trage den **1. Buchstaben** der richtigen Antwort in die Lösungszeile ein.

4. Wie nennt man medizinische Hilfsmittel, die Gliedmaßen oder den Körperrumpf stabilisieren, entlasten oder korrigieren?

a. Prothesen

b. Orthesen

c. Roboter

Trage den **1. Buchstaben** der richtigen Antwort in die Lösungszeile ein.

5. Wie heißt die Bewegungsumgebung, in der sich Roboter auf oder im Boden bewegen?

a. aquatisch

b. terrestrisch

c. periodisch

Trage den **7. Buchstaben** der richtigen Antwort in die Lösungszeile ein.

6. Womit lässt sich die Funktion des Hebelsystems am Weihwasser-Automaten erklären? Mit der Hebelwirkung an der …

a. Blechschere

b. Schubkarre

c. Wippe

Trage den **5. Buchstaben** der richtigen Antwort in die Lösungszeile ein.

7. Welches Tier diente der Entwicklung des sechsbeinigen Laufroboters als Vorbild?

a. Laufkäfer

b. Stabheuschrecke

c. Marienkäfer

Trage den **11. Buchstaben** der richtigen Antwort in die Lösungszeile ein.

Lösungswort:

1	2	3	4	5	6	7

Die Knochen der menschlichen Hand

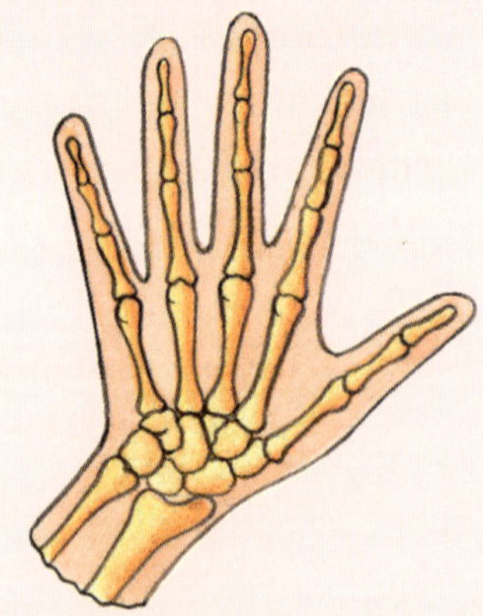

Unsere Hand ist ein wahres Multifunktionsorgan. Durch ihre Vielseitigkeit kann sie nicht nur die feinsten Oberflächen ertasten und fest zupacken sowie schwere Gegenstände bewegen, sondern auch ganz zart berühren und streicheln. Sie besteht aus 27 Knochen, 36 Gelenken und 39 Muskeln sowie Sehnen und Bändern.

Für die Herstellung von Handprothesen ist die Kenntnis über ihren Aufbau und ihre Funktion von besonderer Bedeutung. Wir können ein einfaches Modell einer mechanischen Hand selbst herstellen und ihre Funktion ausprobieren. Mit diesem Handmodell lassen sich verschiedene Bewegungsmuster durchführen, die dem Vorbild der Menschenhand ziemlich ähnlich sind. Mit ihm können wir einen Gegenstand behutsam ergreifen, transportieren und zielsicher an einem anderen Ort wieder sachte absetzen.

Mit der künstlichen Hand lässt sich das Prinzip der Fingerbewegungen gut studieren. Zur Beugung der einzelnen Finger verwenden wir Bindfäden, wobei ihre Streckung durch die Elastizität der Pappe erreicht wird. Zum Ergreifen von Gegenständen ist jedoch etwas Geschick notwendig. Machen wir uns an die Arbeit und probieren wir unser angefertigtes Handmodell aus!

Wir benötigen:

- Dünne Wellpappe im Format DIN A4
- Halme aus Schilfrohr
- 5 Bindfäden (ca. 30 Zentimeter lang)
- Großer Nagel
- Bleistift und stabile Schere
- Feinsäge und Sägelade
- Niedrigtemperatur-Klebepistole mit Kleber oder anderer Kleber
- Pappröhre (z. B. Aufrollröhre einer Küchenrolle)

Hinweise:

- Für die Fingerglieder des Handmodells werden Stücke aus Schilfrohr verwendet, die mit der Feinsäge in der Sägelade auf die entsprechenden Längen gesägt werden. Dazu empfiehlt es sich, nur stabile Halme, also mit dickeren Wandstärken, auszuwählen.

Mechanische Hand

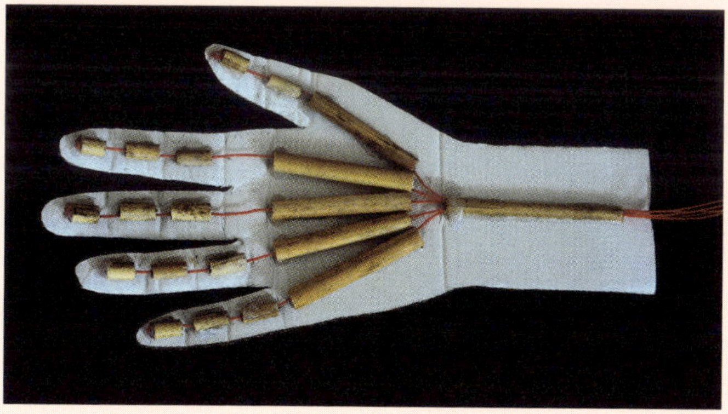

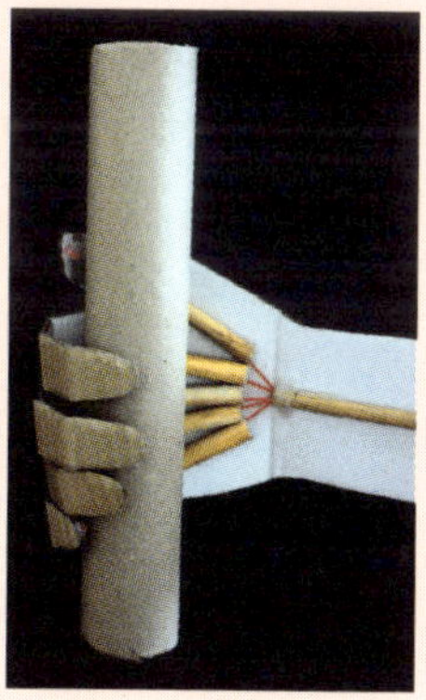

HERSTELLEN UND TESTEN DER MECHANISCHEN HAND

1. Auflegen der eigenen Hand auf das Stück Wellpappe
2. Nachzeichnen von Umrissen der eigenen Hand und Ausschneiden auf der Bleistiftlinie
3. Einzeichnen der einzelnen Halme für die Fingerglieder und den Handteller mit anschließendem Vorknicken der Pappe
4. Sägen der Halmstücke auf die entsprechenden Längen der Fingerglieder und des Handtellers. Hinweis: Die Halmstücke stets etwas kürzer sägen, sodass genug Platz bleibt, damit sich die Fingerglieder und der Handteller beim Greifen gut krümmen lassen!
5. Sägen eines längeren Aufnahmehalmes für die einzelnen Fingerfäden
6. Aufkleben der Halmstücke. Dazwischen entsprechende Abstände einhalten!
7. Kleben der Bindfäden jeweils an die einzelnen Fingerkuppen und Durchziehen durch die Halmstücke. Hinweis: Zum Durchschieben der Fäden eignet sich der Nagel!
8. Knoten der Fäden außerhalb des Aufnahmehalmes
9. Testen des Handmodells mit der Pappröhre. Dabei Röhre aufnehmen, transportieren und ablegen. Hinweis: Damit die Pappröhre beim Ergreifen nicht gleich umfällt, ist sie innen mit einem Stein oder einem anderen schweren Gegenstand auf der Standfläche zu stabilisieren!

Viel Spaß beim Testen der mechanischen Hand.

Kreativitätstraining: Kombinieren: Bilder verbinden, S. 33

Die drei Begriffe heißen
»Singvogelautomat«, »Elefantenuhr« und »Staubsaugerroboter«.

Kreativitätstraining: Roboterrätsel, S. 58

Das Lösungswort lautet »Automat«. Es ergibt sich aus den Wörtern: Taster, Rad, Uhr, Bit, Tomate.

Arbeitsblatt 1: Wähle aus, S. 66

Das Lösungswort lautet »Computer«.

Arbeitsblatt 2: Quiz – Vervollständigen, S. 67–69

Das Lösungswort lautet »Roboter«.

Literatur

Blickhahn, R. (1992)	Bionische Perspektiven der aquatischen und terrestrischen Lokomotion.- In: BIONIA-report 8, Hrsg. Nachtigall, W. und Braun, K., Saarbrücken, Stuttgart, Jena: Fischer Verlag.
Duismann, G. (2001)	Ich mache eine Roboterhand.- In: Unterricht- Arbeit + Technik, Heft 10/3. Jahrgang, Seelze: Friedrich Verlag GmbH, S. 16–18.
Feldhaus, F. M. (1954)	Die Maschine im Leben der Völker.- Basel/Stuttgart: Verlag Birkhäuser.
Glaser, R. (1979)	Biologie einmal anders.- Leipzig, Jena, Berlin: Urania Verlag.
Gutmann, W. F. (1989)	Die Evolution hydraulischer Konstruktionen.- Frankfurt am Main: Verlag Waldemar Kramer.
Hill, B. (1999)	Naturorientierte Lösungsfindung- Entwickeln und Konstruieren nach biologischen Vorbildern.- Renningen-Malmsheim: expert- Verlag.
Klein, S. (2010)	Da Vincis Vermächtnis oder wie Leonardo die Welt erfand.- Frankfurt am Main: Fischer Taschenbuch Verlag.
Knoll, A.; Christaller, Th. (2003)	Robotik.- Frankfurt am Main: Fischer Taschenbuch Verlag.
Miranda, L. (2019)	Künstliche Intelligenz & Robotik in 30 Sekunden.- Kerkdriel: Librero IBP.

Möller, R. (2006)	Das Ameisenpatent- Bioroboter und ihre technischen Vorbilder.- München: Elsevier GmbH.
Nachtigall, W. (1998)	Bionik- Grundlagen und Beispiele für Ingenieure und Naturwissenschaftler.- Berlin, Heidelberg, New York: Springer Verlag.
o. A. (1983)	Früchte und Samen- Ihr Bau und ihre Ausbreitung.- St. Gallen: Kantonaler Lehrmittelverlag Nr. 3/21. Jahrgang.
Scheiba, B. (1990)	Schwimmen, Laufen, Fliegen. Die Bewegungen der Tiere.- Frankfurt am Main: Harry Deutsch Verlag.
Taddei, M. (2008)	Leonardo dreidimensional- Neue Roboter und Maschinen.- Stuttgart: Belser Verlag.
Zimmermann, K.; Zeidis, I.; Behn, C. (2009)	Mechanics of Terrestrical Locomotion- with a Focus on Non-pedal Motion Systems.- Berlin, Heidelberg, New York: Springer Verlag.

Internetquellen:

http://news.cnet.com/i/bto/20080624/Hirose_snake_robot_ACM-R5_270x237.jpg (aufgerufen am 18.05.2018)

http://www.pressetext.com/news/20210817025 (aufgerufen am 17.8.2021)

Register

Fett markiert sind die Seiten mit Begriffserläuterungen.

bereits erschienen

BIONIK – Die Natur als Ideenschmiede

Der erste Band unserer Sachbuchreihe »Bionik« gibt einen Überblick über die spannende und zukunftsorientierte Wissenschaft Bionik und ihre Anwendung. Er zeigt, wie die lebende Natur als Lösungsquelle für technische Probleme zielgerichtet und systematisch genutzt wird.

ISBN: 978-3-944575-30-8
Preis: 16,95 €

BIONIK – Von Flugfrüchten abgeschaut

Mit Flugfrüchten können aufschlussreiche Experimente durchgeführt werden, um die Prinzipien des Gleit-, Schrauben- und Schirmfluges zu verstehen. Durch die Nutzung von Entdeckungs- und Erfindungsmethoden kann die Kreativität bei der Entwicklung von Flugobjekten nach Naturvorbildern gesteigert werden.

ISBN: 978-3-944575-31-5
Preis: 16,95 €

BIONIK – Leichtbau

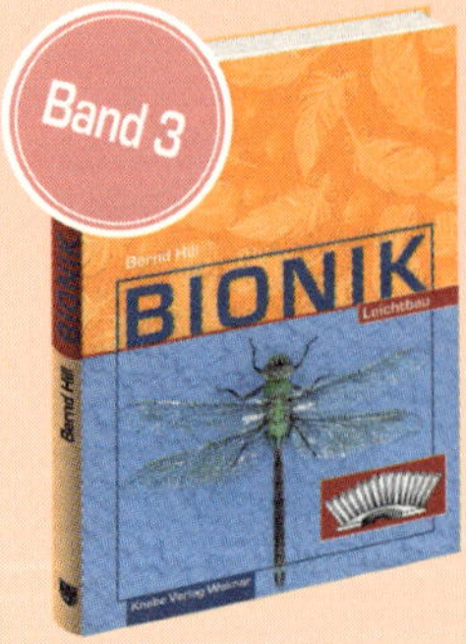

Leichtbauprinzipien der Natur zeigen auf eindrucksvolle Weise, wie bei der Verwirklichung von Konstruktionen mit einem Minimum an Biomaterial ein Maximum an Stabilität erreicht werden kann. Vorgestellt werden dabei natürliche Leichtbauprofile sowie interessante Faltprinzipien und ihre Anwendungen.

ISBN: 978-3-944575-32-2
Preis: 16,95 €

BIONIK – Riesenseerose und Kristallpalast

Im Mittelpunkt steht eine Pflanze der Superlative – die Riesenseerose vom Amazonas. Leser erfahren Wissenswertes über dieses botanische Wunder und die unermüdliche Abenteuerlust ihrer Entdecker. Berichtet wird vom Stabilisierungsprinzip der Blätter der Riesenseerose und dessen Umsetzung beim Bau des Londoner Kristallpalastes.

ISBN: 978-3-944575-33-9
Preis: 16,95 €

Frag' die Natur
Naturorientiertes Lernen

bereits erschienen

BIONIK – Schmetterlingen abgeschaut

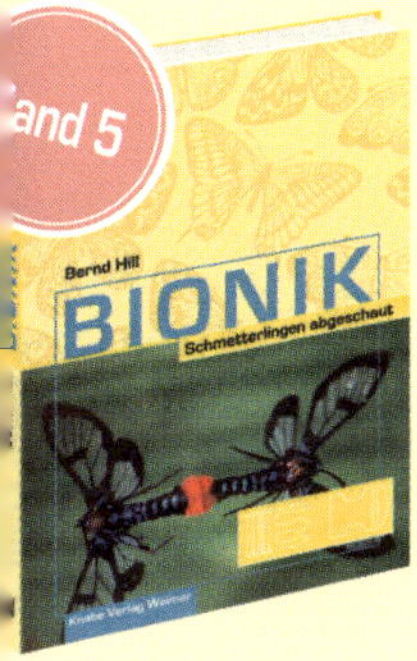

Schmetterlinge sind wahre Überlebenskünstler, die viele Millionen Jahre lang allen ökologischen Veränderungen auf unserer Erde trotzten. Da es ihnen stets gelang, sich anzupassen, sind sie mit ihren interessanten Mechanismen zum Vorbild für allerlei Erfindungen des Menschen geworden.

ISBN: 978-3-944575-34-6
Preis: 16,95 €

BIONIK – Vom Fliegen

Der Traum des Menschen, sich den Vögeln gleich in die Lüfte zu erheben, hat sich mit der Erfindung des Flugzeuges verwirklicht. Dabei haben sich die Erfinder stets am Flug der Vögel und der vielen anderen flugfähigen Lebewesen orientiert. Auf diese Weise konnten sie wichtige Prinzipien entdecken und die gewonnenen Erkenntnisse bei der Entwicklung von Flugobjekten umsetzen.

ISBN: 978-3-944575-35-3
Preis: 16,95 €

BIONIK – Schätze aus dem Tropenwald

Unsere Regenwälder sind eine wahre »Schatzkiste des Lebendigen«. Kein Wunder, dass Ingenieure, Architekten, Ökologen und Pharmakologen in dieser reich gefüllten Schatztruhe nach genialen Erfindungen und raffinierten Tricks der Natur suchen. Im siebten Band der Reihe werden Bedeutung, Schutz und vielfältige Nutzungsmöglichkeiten des Tropenwaldes aufgezeigt.

ISBN: 978-3-944575-36-0
Preis: 16,95 €

BIONIK – Schwimmen und Tauchen

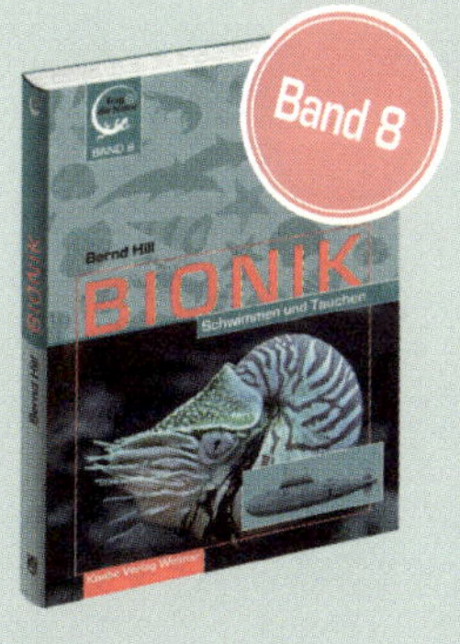

Schwimmen und Tauchen sind wichtige Bestandteile der Bewegungsbionik. Der achte Band unserer Sachbuchreihe »Bionik« führt anschaulich in diese Fortbewegungsmöglichkeiten im Wasser ein. Im Mittelpunkt stehen dabei historische Betrachtungen, physikalische Grundlagen und interessante biologische und technische Sachverhalte.

ISBN: 978-3-944575-37-7
Preis: 16,95 €

bereits erschienen

BIONIK – Wärmedämmung

Lebewesen sind von ihren Umgebungstemperaturen abhängig und benötigen für ihre Körperfunktionen bestimmte Vorzugstemperaturen. Sei es das Fell der Säugetiere, das Federkleid der Vögel oder die Kleidung des Menschen – die Wärmedämmung hat eine wichtige »Überlebensfunktion«.

ISBN: 978-3-944575-38-4
Preis: 16,95 €

BIONIK – Seil- und Netzkonstruktionen

Spinnen sind faszinierende Lebewesen: Ihre bizarren Netzkonstruktionen versetzen uns in Erstaunen. Sie sind nicht nur raffiniert gebaut, sondern zeichnen sich durch äußerste Festigkeit und Elastizität aus. Kein Wunder, dass sich der Mensch für die Entwicklung technischer Konstruktionen seit jeher an diesen Netzgebilden orientiert.

ISBN: 978-3-944575-39-1
Preis: 16,95 €

BIONIK – Klimatisierung und Lüftung

Viele interessante Anregungen sind in den Bauten von Tieren zu finden, die raffinierte Lösungen zur Klimatechnik aufweisen. Anhand der Leitlinie »Biologische Phänomene zu natürlichen Klimaanlagen entdecken und nach ihnen technische Lösungen zu erfinden«, werden viele solcher Lösungen aus dem Tierreich in dem vorliegenden Band anschaulich dargestellt.

ISBN: 978-3-944575-40-7
Preis: 16,95 €

BIONIK – Schönheit der Natur

Beim Betrachten bunt schillernder Schmetterlinge, farbenprächtiger Blüten von unübersehbarer Formenfülle und filigran geformter Kieselalgen erleben wir die überwältigende Schönheit der lebenden Natur. Dieser Band zeigt anschaulich viele solcher Formen und Muster an Beispielen auf und gibt Hinweise zu Nutzungsmöglichkeiten des Naturdesigns.

ISBN: 978-3-944575-41-4
Preis: 16,95 €

Frag' die Natur
Naturorientiertes Lernen

bereits erschienen

BIONIK – Tarnen und Täuschen

Überall in der lebenden Natur wird getrickst, gedroht, getarnt und versteckt, um zu überleben. Viele Tiere und Pflanzen sind regelrechte Meister der Tarnung und Täuschung. Es gibt Pflanzen, die wie Tiere aussehen, und umgekehrt Tiere, welche die Gestalt und Farbe von Pflanzen annehmen.

ISBN: 978-3-944575-42-1
Preis: 16,95 €

BIONIK – Wettrüsten der Sinne

Im Laufe der Evolution sind bei Pflanzen und Tieren trickreiche und raffinierte Strategien entstanden, die sie vor Fressfeinden schützen. Für das bessere Aufspüren von Beutetieren haben sich bei Fressfeinden aber genauso ausgeklügelte Sinne entwickelt. Man kann also sagen, dass das Herausbilden von Überlebensstrategien einem »Wettrüsten« der Evolution ähnelt.

ISBN: 978-3-944575-43-8
Preis: 16,95 €

BIONIK – Arznei und Kosmetik

Medikamente gegen Krankheiten wollen Pharmaforscher aus Tieren und Pflanzen gewinnen. Die Kosmetikindustrie lernt ebenfalls von der Natur und setzt auf die Quelle tropischer Regenwälder. Dieser Band berichtet über diese und noch viele andere interessante Vorbilder aus der Natur, die sich in Medizinprodukten und Kosmetikartikeln wiederfinden.

ISBN: 978-3-944575-44-5
Preis: 16,95 €

BIONIK – Verpacken

Verpackungen von Lebensmitteln und anderen Konsumgütern aus verschiedensten Materialien begegnen uns im Alltag in vielfältigen Formen. Die lebende Natur zeigt uns jedoch Wege, Verpackungen umweltgerecht zu gestalten. Wie man von den Verpackungsmöglichkeiten und -strategien der Natur lernen kann, wird in diesem Band veranschaulicht.

ISBN: 978-3-944575-45-2
Preis: 16,95 €

in Vorbereitung

BIONIK – Bionik in Wald und Flur

Band 18 gibt einen reichhaltigen Überblick über das Lernen von der uns unmittelbar umgebenden Natur. Bei Streifzügen und Entdeckungsreisen durch Wälder, über Wiesen und sogar durch unsere Gärten erleben wir die Vielfalt und den Formenreichtum der dort lebenden Pflanzen und Tiere. Wir nehmen sie als selbstverständlich wahr. Doch schauen wir näher hin, entdecken wir eine Welt voller Wunder und interessanter Erscheinungen: der unscheinbare Käfer am Wegesrand, der im Wind schaukelnde Grashalm, Flugfrüchte oder Früchte am Strauch der Klette sowie der Holzbock mit seinem Stech-Saug-Organ und noch vieles andere mehr. Sie können uns natürliche Vorbilder für die Technik sein und uns so zu allerlei Erfindungen und technischen Lösungen anregen. Wer sich mit offenen Sinnen in der Natur umschaut und dort nach Lösungen für technische Probleme sucht, findet eine reichhaltige Quelle an übertragbaren Mustern, Formen und Organen.

ISBN: 978-3-944575-47-6
Preis: 16,95 €

BILDNACHWEIS
Illustrationen Prof. em. Dr. phil. habil. Prof. h.c. Bernd Hill;
Cover shutterstock.com/Stephane Bidouze, FZI Forschungszentrum Informatik Karlsruhe - Abteilung IDS, Wikimedia Commons, lizensiert unter CC BY-SA 3.0;
S. 8 shutterstock.com/Andrew Angelov; S. 9 oben shutterstock.com/Jenson, rechts shutterstock.com/R-Type; S. 32 links Karl Gottlieb von Windisch, Briefe über den Schachspieler des Hrn. von Kempelen, nebst drei Kupferstichen die diese berühmte Maschine vorstellen. 1783, Public Domain, rechts Joseph Racknitz – Humboldt-Universität Leipzig, 1789, Public Domain; S. 37 oben Cornelius Schilling, Vorlesungsskript Technische Biologie und Bionik – TU Ilmenau, 2005, unten Yoshikazu Tsuno/gettyimages, S. 39, 40, 45 Cornelius Schilling, Vorlesungsskript Technische Biologie und Bionik – TU Ilmenau, 2005; S. 46 shutterstock.com/ Featureflash Photo Agency; S. 56 oben freepik.com/by user jannoon028, unten istockphoto. com/monstArrr_; S. 57 istockphoto.com/kool99; S. 61 Joi Ito, Wikimedia Commons, lizensiert unter CC BY 2.0; S. 62 shutterstock.com/belushi; S. 63 rechts shutterstock.com/SciePro, unten shutterstock.com/Ivan Chudakov
Covervorschau Band 18 shutterstock.com/SciePro

1. Auflage April 2022

Grafische Bearbeitung, Satz und Layout Rike Schmidt
Lektorat Friederike Andrees
Fachliches Lektorat Konrad Hahn
Druck und Bindung ADverts Printing House

Dieses Buch folgt den Regeln der neuen deutschen Rechtschreibung.
Printed in Latvia

ISBN 978-3-944575-46-9
www.knabe-verlag.de